VOYAGE DU MARCHAND ARABE SULAYMÂN EN INDE ET EN CHINE

술라이만의 항해기

이 역서는 2018년 대한민국 교육부와 한국연구재단의 지원을 받아 출간
되었음(NRF-2018S1A6A3A01081098).

VOYAGE DU MARCHAND ARABE SULAYMÂN EN INDE ET EN CHINE

술라이만의 항해기

초판 1쇄 발행 2020년 11월 20일

지은이 | 아부 자이드 하산, 가브리엘 페랑
옮긴이 | 정남모
펴낸이 | 윤관백
펴낸곳 | 도서출판 선인

등 록 | 제5-77호(1998.11.4)
주 소 | 서울시 마포구 마포대로 4다길 4, 곳마루빌딩 1층
전 화 | 02)718-6252 / 6257
팩 스 | 02)718-6253
E-mail | sunin72@chol.com
Homepage | www.suninbook.com

정 가 14,000원
ISBN 979-11-6068-412-4 93450

· 잘못된 책은 바꿔 드립니다.

바다인문학번역총서 002

VOYAGE DU MARCHAND ARABE SULAYMÂN EN INDE ET EN CHINE

술라이만의 항해기

아부 자이드 하산 · 가브리엘 페랑 지음

정남모 옮김

Sulaymân, Voyage du marchand arabe Sulaymân en Inde et en Chine,
rédigé en 851, suivi de remarques par Abû Zayd Ḥasan (vers 916),
Éditions Bossard(Paris), 1922.

『아랍 상인 술라이만의 인도와 중국 항해기』851년 작성,
아부 자이드 하산의 이본(916년경)

아부 자이드 하산 · 가브리엘 페랑 지음

목차

서문

서문

원본은 현재 파리국립도서관의 아랍도서 제2281번으로 등록되어
있다. 이 수사본은 1673년 처음으로 콜베르 도서관에 입고되었고, 그
당시 도서관의 사서였던 에티엔 발뤼즈Étienne Baluze가 수기로 기록하여
제6004번으로 분류하였다. 아는 바와 같이 이 방대했던 도서관은 먼저
콜베르Colbert의 손자인 세느레이Seignelay 백작이 소유했다가 1730년경 왕
립도서관에 편입되는데 차후 이 도서관은 파리국립도서관이 된다. 르노
도Renaudot가 세느레이 백작의 도서관을 방문했다가 그곳에서 이 문제의
수사본을 발견하고, 다음과 같은 제목으로 번역하여 출판했다. 『9세기
에 인도와 중국을 방문했던 두 마호메트교 여행자의 옛 여행기 : 아랍
어를 번역, 이 여행기의 주요 장소들에 대해 주해를 닮Anciennes re-
lations des Indes et de la Chine de deux Voyageurs Mahométans
qui y allèrent dans le IX siècle ; traduites d'arabe: avec des Re-
marques sur les principaux endroits de ces Relations』. 파리 소
재, 쟝-밥티스트 쿠와냐르Jean-Baptiste Coignard 출판사가 1718년에 출판
한 책(in-8°, pp. XL-397+8 ff. n. ch.), 제목에 번역자의 이름은 없
다. 저자는 "외제브 르노도Eusèbe Renaudot [1648-1720]이며, 프로세이
Frossay와 샤토포르Chateaufort의 원장신부이자, 아카데미 프랑세즈Académie

Française의 40인 중 한 명"으로 왕실의 윤허를 받았다고만 적혀있다. 르노도는 자신이 번역했었던 이 수사본에 관해서 우연히 언급했을 뿐이었다. 데귀뉴Deguignes는 이 수사본을 고문서실(n°597)의 옛 아랍 장서에서 발견했고, 또 관련된 두 편의 기사를 썼다. 첫 기사는 1764년 11월『지식인의 저널Journal des Savants』, 다른 하나는 왕립도서관의 수사본 해제 및 인용 1권(1788년, p. 156 및 그 이하)에서 발행되었다. 이 수사본의 아랍어본은 1811년에 랑글레Langlès 출판사에서 발행했고, 또 레이노Reinaud는 다음과 같이 새 제목을 붙였다. "서기 9세기 인도와 중국을 방문했던 아랍인과 페르시아인이 적은 여행기, 아랍어본은 랑글레 출판사의 극진한 정성으로 1811년에 인쇄되었고, 수정 및 추가 그리고 프랑스어 번역과 주해를 달아서 출판했음(파리, 1845년, in-12; 1권 ,pp. CLXXX + 154; 2권, 아랍어본 pp. 105 + 202)."

　　레이노는 19세기의 가장 저명한 동양학자들 중 한명이었다. 그의 저서 대부분은 매우 주목할 만했다. 특히, 인쇄본은 드물었고 수사본으로 작업했던 그 당시를 상기해보면 그의 업적은 더욱 높이 평가된다. 예를 들어 그의『아불페다의 지리학 1권 : 동양의 지리학에 관한 일반소개서Sa Géographie d'Aboulféda : Introduction générale à la géographie des Orientaux』(파리, 1848, in-4°, pp. VIII+ 464)는 모슬렘 저자들도 소장할 만큼 여전히 지리학에 관한 옛 역사의 기본서로 남아있다. 이 책이 출간된 1845년부터 1922년까지 여기에 필적할 저서가 출간되지 않았다는 것은 분명 다른 사람들이 이보다 더 나은 저술을 할 수 없었기 때문일 것이다. 이 책의 개정판이 발행될 때에도 단지 약간의 수정만이 추가되었을 뿐, 이 위대한 저서는 증쇄를 거듭했는데 그만큼 기본이 탄탄하고 정확하다.

『여행기*Relation des voyages*』에 관해서 이렇다 말할 수 있는 것은 별로 없고, 또 그래서 이 번역이 필요하다. 레이노는 자신의 번역본과 주해에서 몇몇 중대한 지리학적 오류를 범했고, 또 필경사가 틀리게 베껴 쓴 여러 지명에 대해 원래의 원문으로 복원하지 못했다.

따라서 말레이반도의 칼라Kalah 혹은 칼라−바르Kalâh-bâr는 실론의 갈레 끝부분과 코로만델Coromandel로 인식했다. 말레이반도의 남동쪽에 있는 섬, 티우만Tiyûma은 원본에 바투마Batûma라고 적었는데 이를 레이노가 베투마Betûma로 읽었고, 르노도 역시 마드라스 주변이라고 잘못 표시했다. (레이노가 코마르*Comar*라고 읽었던) 카마르Kamâr 나라는 코모린 곶이라고 인식했는데 이곳은 크메르Khmèr 혹은 옛 캄보디아였다. 기타 여러 부분에서도 아랍어본의 잘못된 부분은 필사생이 글자의 아래쪽이나 반대쪽에 찍어야 하는 철자부호를 글자의 위쪽에 두었던 단순한 실수 때문에 생긴 결과이다. 인도와 인도차이나 그리고 중국에 관해 더욱 심오해진 우리의 지식을 통해 1845년에는 할 수 없었던 많은 것들을 훨씬 더 정확한 철자법으로 복원할 수 있다. 현재의 번역서를 출판하는 데 있어 동양 철자들의 사용이 불가능하다. 그래서 교정이 된 나의 『극동 지역의 아랍, 페르시아, 터키의 지리학과 여행기*Relations de voyages et textes géographiques arabes, persans et turks relatifs à l'Extrême-Orient*』 (Paris, in-8°, t. I, 1913 ; t. II, 1914)를 다시 읽기 바란다.

제2281번 수사본은 2권으로 구성되어 있다. 1권은 술라이만Sulaymân 자신이 작성했거나 혹은 상인 술라이만의 이야기를 듣고 무명의 필사자가 작성했을 것인데 술라이만은 인도와 중국으로 여러 번에 걸쳐 여행했다. 랑글레가 출판한 수사본의 51쪽에서 술라이만이 인도의 어떤 곳에서 16년 전에 처음 보았던 수행자를 다시 보았다고 적었다. 2권은 916년경에 시라프Sîrâf 출신의 아부 자이드 하산Abû Zayd Hasan이 기술된 술라이만의 여행기에다 인도와 중국에 관한 보충적인 설명을 추가했고 또 정확하지 않은 내용을 수정했다. 하산은 여행자나 선원도 아니었고, 그는 지리에 관심이 많았던 일반 석학으로 그는 상인들을 통해 인도와 중국의 정치 및 경제 상황을 잘 알고 있었고 또 뱃사람들로부터 들었던 최신의 정보들을 기록했다. 시라프는 페르시아만(灣)의 동쪽 해안에 있는 큰 오래된 군항으로 오늘날 북위 27° 38'의 위치에 있는 타히레Tâhireh 마을에 있었다. 시라프가 이런 종류의 여행 정보수집에 아주 제격이었던 것은 선원들과 인도양의 모든 상인들이 이곳에 드나들었기 때문이며, 또한 중국인, 자바인, 말레이시아인, 인도인, 아라비아 반도의 아랍인과 메소포타미아 및 소코토라Socotora 그리고 아프리카 동쪽 해안의 아랍인도 왔다. 페르시아인과 시리아인 그리고 비잔틴인은 이곳에 와서 자신들의 상품과 교역품을 교환했다. 시라프의 유명한 상인들은 이 외국인들을 맞이하면서 그들의 풍습과 관습을 무시하지 않고 성실하게 그들에게 맞추었다. 2권의 마지막 장에서 아부 자이드는 그 상인들이 몇몇 인도인들을 식사에 초대할 때, 주인은 손님들이 금기시하는 음식을 대접하지 않도록 세심하게 배려를 했다고 적고 있다. 9세기와 10세기에 시라프는 이처럼 모든 바다사람들이 드나드는 남쪽 바다의 큰 해양 상관이었는데 남동부 아프리카의 소팔라Sofâla, 홍해의 제다Djedda, 중국 남부와 저 멀리 자바에서도 왔다. 인종과 종교 그리고 언어들과 함께 매우 다양한 민족들이 섞인 이곳에서 새로운 조사를 하고자 했던 석학 아부 자이드에게는 자신이 원했던 참고자료를 수집할 수 있는 모든 요소를 갖추고 있었다. 아부 자이드는 자발적으로 정보를 제공하는 사람들을 활용했고, 또 그렇게 그는 술라이만의 '여행기'를 무사히 완성했다. 서기 9세기경, 남부 아시아와 동부 아프리카는 해양 활동 및 상업 활동이 유명했고 또 역사적으로도 유래 없는 번영을 누렸다. 당시, 중국에서는 찬란했던 당나라T'ang의 왕조(618-906)가 통치했고, 수마트라 섬의 남부에서는 크리비자야Çrîvijaya의 위대한 사이렌드라 왕조 Çailendra (중국어로 체-리-포-체Che-li-fo-che, 아랍어로 스리부자Sribuza)가 지배했는데 이 왕조에 관해서는 과거 잘 알려지지 않았기 때문에 나는 조만간 이 왕조의 역사(cf. 아시아의 저널 *Journal Asiatique*, 1919년 7-8월 호, pp. 149-200)에 관해 기술하고자 한다. 바그다드Baghdâd에서는 저명한 칼리프 하룬 알-라시드Hârûn ar-Rašîd (786-809)와 그의 아들 알-마문 Al-Mâmûn (813-833)이 통치했는데 두 명 모두 샤를마뉴 대제Charlemagne 와 동시대에 살았다. 당시, 무역과 항해, 예술, 문학 그리고 과학은 중국인과 인도인, 말레이시아인 그리고 아랍인에 의해 공히 성공적으로 활용되었다. 휴즈T. P. Hughes는 자신의 『이슬람 사전*Dictionary of Islam*』에서 알-마문 통치의 시기를 "아랍 문학의 성 아우구스티누스 시대 Période augustinienne de la littérature arabe"라고 평가했다. 하지만 이러한 번영은 동시적으로 일어났기에 이러한 평가도 아시아 남부 거의 전 지역에까지 적용될 수 있다. 옛 캄보디아였던 크메르Khmèr에 서는 자야바르만 2세Jayavarman II가 67년간의 통치 후에 869년에 사망했다. 자야바르만 3세가 승계한 이후, 인드라바르만 1세Indravarman Ier가 앙코르Angkor의 경이로운 건축물을 건설하기 시작했다. 현재 안남인 이웃한 나라 캄파Čampa는 당시 높은 수준의 문화를 꽃피우고 있었다. 9세기 말경 자바Java에서는 약 100년 전부터 수마트라의 사이렌드라에게 지배를 받았던 섬의 중심부가 독립되자 바로 이곳에 그 유명한 보로부두르를 짓는다.

약 12세기 이전, 기원전 4세기 혹은 3세기경에 인도 동부 해안의 카링가Kalinga 사람들은 비르마니(현 미얀마)와 캄보디아, 캄파 그리고 서부 인도네시아(수마트라-자바 섬)를 방문했다. 그들은 그곳에 드라비다 언어langue dravidienne뿐만 아니라 자신들의 문학 언어 그리고 그들의 종교, 예술, 풍속, 관습도 소개했다 -이 일은 주목할 만하고 또 그래서 다음에 언급될 것이다. - 아주 미개했던 이곳에 소개되었던 이 수준 높은 문화는 끊임없이 발전했고 또 선생님들의 열정 또는 선생님들의 가르침을 배우고자는 학생들의 열정은 경탄할만했다. 수마트라 시인 혹은 자바, 크메르 혹은 캄čam의 시인들이 앙코르와트에 있는 거인들의 제방이나 보로부두르의 테라스 앞에 있는 아크로폴리스 위에서의 기도로 인도의 알마 마테르Alma mater에게 감사를 표하지 않는 것은 놀랍고도 애석한 일이었다. 분명 인도네시아나 인도차이나에서는 르낭Renan과 같은 사람이 아직 태어나지 않았다. 인도는 고대 문명의 전파자라는 임무의 기억조차 잊어버렸다. 실벵 레비Sylvain Lévi는 『라마야나의 역사를 위하여Pour l'histoire du Râmâyana』(파리, 1918, p.153)라는 그의 훌륭한 논문에서 조심스럽게 그 임무를 지적한다. "우리는 여정의 과정에서 자바라는 이름을 보았다. 우리는 의구심 없이 곧장 산스크리트 문학의 모든 속편을 읽을 수 있었는데, 그것은 단순한 암시만으로도 인도가 그들의 신과 예술, 문학 언어 그리고 그들 문명의 전부를 전파했던 인도차이나와 캄보디아 그리고 캄파에 있는 위대한 왕조들의 존재 자체가 되었다." 하지만 시대가 바뀌었다. 서양의 학교에서 공부한 인도의 젊은 세대는 지금 자기 조국의 위대했던 과거에 주목했다. 이는 유럽 선생님들의 가르침이 가져다준 결실이다. 젊은 인도가 신조로 삼은 것은

"독립은 나의 권리이다*Swarajya is my birthright*"였고, 모든 영역에서 그 염원을 정당화할 수 있는 권리가 생겼다.

나는 곧 『여행기*Relations de Voyages*』의 3권에서 그 당시의 사람들이 생각했던 대로 인도양과 중국 해 그리고 아시아의 거대한 군도가 있는 바다들이 그려진 12세기의 아랍 지도를 발행할 것이다. 이 지도는 파리의 국립도서관의 아랍 장서 제2222번 수사본 그리고 옥스퍼드 대학과 동일한 수사본의 원본 지도에 근거하여 제작되었다. 이 지도는 당시에 에드리시Edrîsî라는 이름으로 더 잘 알려진 —1099년 세우타Ceuta에서 태어났고, 1154년경에 죽었던— 아랍 지리학자 아부 압달라 아스-세리프 알-이드리시Abû 'Abdallah aš-Šerîf al-Idrîsî가 1154년에 그린 세계지리를 포함하고 있다. 프톨레마이오스Ptolémée는 이전의 바다들을 사방이 육지로 둘러싸인 하나의 내해로 그렸다. 그 결과, 아프리카 동부 해안은 과르다피 곶(소말리아의 Gwardafuy곶)에서부터 서쪽에서 동쪽으로 향하고, 그 끝은 중국의 극동까지 연결된다. 알렉산드리아의 지리학자 이후 10세기가 지난 시점, 에드리시는 이 남쪽 바다의 외형을 맹목적으로 모방했고, 또 다음과 같이 약간의 수정만 했을 뿐이다. 이 내해는 극동지역으로 열려있고 또 그리스의 전설과는 달리 세계를 둘러싸고 있는 대양과 연결된다. 많은 아랍 문서들은 결국 둘러싼 대양은 단지 그리스인들의 아틀란티스l'Ὠκεανός일 뿐이라고 말한다. 서쪽에서 동쪽으로의 아프리카 동부 해안의 돌출은 인도양과 그 대양 주변들의 넓이를 현저하게 축소시켰고 또 섬과 대륙의 육지 그림은 많이 수정되었다. 인도의 반도는 거의 대부분 사라졌는데 서부 인도네시아의 섬들은 7번째부터 10번째 부분으로 나누어졌다. 수마트라 섬은 몇몇 섬으로 분할되었는데, 그 중 하나인 코모르Komor 혹은 말라이Malây 섬은 마다

가스카르Madagascar와 말레이시아 반도 그리고 비르마니(현 미얀마)의 일부가 되어있으며, 지도제작자는 이 섬을 인도의 동부와 중국의 남부에 위치시키고 있다. 에드리시가 언급한 몇몇 섬들은 아직 확인되지 않았다. 결과적으로 극서 지역에서 극동까지 기후로 세계를 구분하는 것과 10개의 기후대로 분류하는 방법은 고대 그리스 지리학자들로부터 모방한 것이다.

이전의 이슬람 지도제작가처럼 에드리시와 그의 제자들은 지도의 방향을 정함에 있어 지면의 위쪽에 남쪽을, 북쪽을 아래쪽에, 서쪽을 독자가 보는 방향의 오른편에 그리고 동쪽을 왼편에 두었기 때문에 우리와는 정반대 방향이었다. 서양의 중세 지도에서도 일부 사용되었던 이 배치는 원래 모슬렘들이 중국으로부터 차용한 후, 유럽으로 전해주었다.

페르시아 만에서 중국으로 가기 위해 상인 술라이만이 택했던 여정은 근대의 지도로도 따라갈 수 있을 만큼 명료하다. 시라프 항구도시에서 여행자는 마스카트Mascate(현 오만의 수도)에 이르고, 마스카트에서 말라바르Malabar의 쿨람Kūlam(현 퀼론Quilon)까지, 쿨람에서 실론섬 북부 팔크 해협을 지나 벵골만까지, 그리고 여행자는 랑가바루스Langabâlûs섬(니코바르Nicobar 섬들 중 하나)에 기항했다. 랑가바루스에서 칼라 혹은 칼라-바르(말레이반도 위편에 북위 10도쯤 위에 있고, 이 이름의 지협 동부 해안의 크라Kra 혹은 크라흐Krah 항구)까지, 칼라에서 티우만 섬(말레이반도의 남동부에 있는 현 티오만 섬)까지, 티우만에서 쿤드랑Kundrang(생 자크 곶cap Saint-Jacques에 있는 사이공 강의 하구로 추정)까지, 쿤드랑에서 그 당시 수도였던 캄파까지 도착하게 된다. 캄파에서 쿤뒤르-퓌라트Čundur-fûlât 혹은 하이난Hainan의 섬으로 추정되는 쿤뒤르Čundur 섬까지, 그리고 쿤뒤르-퓌라트에서 '중국의 문'이라 불리는 해협을 통해 한푸Hânfû 혹은 광주(廣州)에 도착한다. 이 여정의 마지막 부분은 논란의 여지가 있지만 여기서 다루지는 않는다. 이 문제는 필요한 동양 자료의 논거와 함께 다른 책에서 다루어질 것이다. 관련되는 자료는 이븐 호르다즈베Ibn Hjordâdzbeh (844~848), 이븐 알-파키Ibn al-Faķîh (902), 이븐 로스테Ibn Rosteh(903), 마수디(황금 초원Prairies d'or, 943, 일러두기 책자livre de l'avertissement, 955) 등이다. 나는 이 모든 자료들을 나의 『여행기와 극동지역과 관련된 아랍, 페르시아 그리고 터키의 지리학 원본』에 넣어 묶고 또 해제를 달았다.

술라이만은 페르시아만을 통과하는데 걸리는 여행 시간은 명시하지 않았지만 마스카트에서 중국까지 가는데 걸리는 시간은 기록했다. 총 기간은 마스카트에서부터 4개월 이상이 걸리는데 아래와 같이 나눌 수 있다.

마스카트에서 팔크 해협까지 : 1개월
말라바르의 퀼론에서 크라까지 : 1개월
크라에서 티오만 섬까지 : 10일
티오만 섬에서 쿤드랑(셍-작크 곶?)까지 : 10일
쿤드랑에서 캄파까지 : 10일
캄파에서 쿤뒤르-퓌라트(하이난?)까지 : 10일
쿤뒤르-퓌라트에서 한푸-광주(廣州)까지 : 1개월

따라서 시라프에서 한푸까지, 처음부터 끝까지 통과하는데 약 5개월이 소요되었다.

레이노의 번역본에 딸린 수정을 참고하면서 사람들은 그의 『인도와 중국에서 이슬람인과 페르시아인이 작성한 여행기』 1권(p. I-CLXXX)

의 초반부에 있는 서문을 유익하게 읽을 수 있을 것이다. 책의 수많은 여정에 관한 레이노의 주석은 읽어야하며 또한 우리는 더 이상 언급하지 않을 것이다.

제2281번 수사본 1권의 내용은 형편없다. 이 책의 편집자는 아랍어를 잘 모르고 또 번역이 매우 서툴다. 우리는 원서를 최대한 참고하고 또 레이노 판본을 자연스럽게 이용하면서 원래의 의미를 살리고자했다. 아부 자이드 하산이 저자인 두 번째 책은 좀 낫지만 불완전하다. 두 경우 모두 다른 견본이 발견되지 않은 유일한 수사본이다.

제2281번 수사본은 머리말이 없는 수사본을 베꼈다. 책 주인 혹은 필경사는 책의 서두에 새로운 제목을 덧붙이면서 자신의 의견을 곁들인 몇 구절로 바꾸었다. 20행의 진위를 알 수 없는 이 구절은 이탤릭체로 인쇄되어 있다. 그래서 나는 레이노가 처음 적었던 원래의 제목으로 되돌려놓았다. 또한 최근 저자들에게서 동일한 항로를 참고해 바다의 묘사 중에서 누락된 부분도 보충하였다. 알-자쿠비Al-Ja'qūbī로 알려진 이븐 와드빕Ibn Wādbib의 역사*Historiae* (éd. 후스마M. Th. Houtsma, t. I, 레이던Leyde, 1883, in-8°, p. 207)와 마수디Mas'ūdī의 (황금 초원*Les Prairies d'or*)이다. 술라이만의 책을 보충해주는 부연 설명은 대괄호 [ ]로 표기했다. 어휘목록에서는 기술적인 용어의 설명 그리고 잘 알려지지 않은 지명의 위치를 찾을 수 있다. 그리고 알파벳으로 된 용어색인은 용어를 찾는데 용이하게 할 것이다.

이 2권의 책에서 인도와 중국에 관해 제공되는 정보는 일부 부정확한 점도 있는데 특히 중국의 식인풍습에 관해서 그러하다. 이것은 인종과 언어 그리고 종교가 다른 동방인의 시각으로 그 두 나라를 보았기 때문이다. 나는 술라이만도 아부 자이드의 정보제공자들도 일부러 진실을 왜곡했다고는 생각하지 않는다. 동방과 극동을 경험했던 모든 사람들은 제2281번의 수사본에 나온 인도의 기담 서적*Livre des Merveilles de l'Inde*(아랍어 원서는 반 데르 리트van der Lith, 프랑스어 번역은 드빅de M. Devic, 레이던, 1883-86년, in-4°) 그리고 유사한 종류의 많은 아랍 서적들(cf., 예를 들면, 내가 서문에서 언급한 『여행기 및 극동지역과 관련된 아랍, 페르시아 그리고 터키의 지리학 원본*Relations de voyages et textes géographiques arabes, persans et turks relatifs à l'Extrême-Orient*』, t. I, p. II)에 기록된 것보다 더 놀라운 기담을 들어왔다. 동방인은 사실들을 아주 간단하게 기담으로 취급하고, 동방의 여행자와 선원은 육지에 정주하는 자신들의 동향인들 보다 더 상상력이 풍부한 경향이 있다. 하지만 술라이만과 아부 자이드는 서기 9세기와 10세기에 살았다는 것과 서양의 중세시대에도 현실을 왜곡하는 경향이 있었다는 점을 상기할 필요가 있다. 게다가 이러한 믿음은 사라지지 않고, 여전히 서유럽의 농촌 민속에 남아있으며, 또한 사람들은 매일 농촌 주민들의 전설 속에서 지속적으로 증거를 듣는다. 사실상, 모든 인간은 경이를 갈망하고 또 동양과 서양은 자비로운 군주와 기적을 통해 얻은 부, 악에 대한 선의 승리 그리고 구박 받는 무고한 자에게 기꺼이 도움을 주는 정령의 도움과 같은 희망을 꿈꾸었다. 분명, 격언은 "악은 항상 벌을 받는다le vice est toujours puni"고 했고, 반면 근대의 위대한 작가 플로베르Flaubert는 "선도 항상 벌을 받는다la vertu aussi"라고 반박했다. 그리고 인생에 있어, 근대의 혹독한 삶은 우리에게 이런 환상을 경계하라고 한다. 이 멋진 환상들은 어린 시절에 있었고 또 나는 너무 일찍 환상을 잃은, 환상을 강탈당한 희생자들을 진심으로 동정한다.

제2권의 초반부에서 아랍인 이븐 와합Ibn Wahab과 중국 왕의 대화에서 중국 왕이 자기 나라를 아랍 나라들의 다음 순위에 두었다고 아부 자이드가 전했다. 역사적 이유로 볼 때, 이것은 명백한 오류이다. 중국의 이름들 중 하나인 중국Tchong kouo은 "중앙의 왕국royaume du Milieu", 말하자면 세계의 중심에 있는 왕국이라는 의미이다. 그리고 이것은 중국의 바깥은 야만인이라는 뜻이다. 그리스인들과 아랍인들도 이렇게 세계의 민족들을 구분했다. 이렇게 볼 때, 중앙 제국의 통치자이자 하늘의 아들 자격으로 자신의 왕국과 왕조를 전통적으로 책임지는 그 첫 번째 자리를 바그다드의 아랍 칼리프khalife에게 양보했다는 것은 결코 있을 수 없는 일이다. 이븐 와합의 오류는 분명 고의적이다. 왜냐하면 그의 입장에서 볼 때, 알라 신에게 선택 받은 백성과 칼리프 아바시드Abbasside를 감안하지 않고, 이교도이자 그 이교도 백성의 왕에게 첫 순위를 내주는 것에 동의를 할 수 없었기 때문이다.

프랑스어에 없는 동방의 문자들은 아래와 같이 옮겼다.
세 개의 점이 있는 t는, 영어의 th로, 예를 들면 think ;
djîm은, 영어 j로 = dj ;
무성 마찰음은, ḥ로 ;
독일어 acht의 ch처럼 발음하는 무성 연구개 마찰음은, ḫ로 ;
dzâl은, dz로 ;
구개 치찰음은 š로 ;
4개의 강조 자음은 ṣ, ḍ, ṭ, ẓ로 ;
유성 마찰음 'ayn은, 거친 소리로 ;
유성 연개구 마찰음 ghayn는, gh로 ;

유성 후방-연구개 폐쇄음은, ḳ로 ;
프랑스어 발음 tch는, č로.

아랍 장모음들은 곡절 부호l'accent circonflexe(^)로 표기했다.
괄호에 넣은 페이지는 랑글레가 출판한 아랍 원본에 따랐다.

마지막으로 나의 동료들과 친구들에게 진심으로 감사의 말을 전한다. 이 원문의 번역을 위해 유익한 충고를 해주신 고데프로이-데몽빈느Gaudefroy-Demombynes 씨 그리고 중국과 관련된 유용한 정보를 주신 폴 펠리오Paul Pelliot 씨에게도 감사를 드린다.

앙드레 카펠레Mlle Andrée Karpelès 양이 그린 이 책의 삽화들은 독자들에게 동양에 대한 완벽한 해석을 가능하게 하는 경탄할만한 작업이 될 것이라고 나는 단언한다.

제1권

중국과 인도에
관한 정보

일련의 이야기 ～～～～～～～～～～

　　이 책은 나라들, 바다들 그리고 [다양한] 종류의 물고기들에 대한 일련의 이야기(말하자면 서로 관계가 있는 이야기들의 연계)이다. 이 책은 지구에 대한 묘사와 세계의 기담을 싣고 있으며, 각국의 지리적 위치, 사람들이 분포한 곳, 동물들의 [묘사], 기담 등 매우 진귀한 이야기를 수록하고 있다.

　　본 장은 서인도, 신드Sind, 고그Gog와 마고그Magog의 [나라] (말하자면 중국 북쪽에 있는 동부아시아 지역), 카프 산(세상을 둘러싼 신비의 산), 시란딥Sirandīb(실론) 그리고 아부 후바이스의 승리 [나라] 사이에 있는 바다를 다룬다. 아부 후바이스는 250살까지 살았던 사람이다. 어느 해, 그는 마고그의 [나라]에 왔고, 그곳에서 현자 아스-사와As-Sawâh를 만났다. 아스-사와는 그를 바다로 데려갔는데 그곳에서 그는 배의 돛처럼 [등에 무엇인가 솟아있는] 물고기를 보여주었다. 가끔 그 물고기의 머리가 물 밖으로 나오면 사람들은 그 거대한 놈을 볼 수 있었다. 때로 그 물고기가 비공을 통해 물을 내뿜을 때는 [회교 사원]의 거대한 첨탑만큼이나 높은 [물기둥을 사람들은 보았다]. 바다가 잔잔할 때, 물고기들이 사방에 있으면, 그 거대한 물고기는 자기 꼬리로 물고기들을 모여들게 했다. 그리고 나서, 그 놈이 입을 떡하니 벌리면 근처의 물고기들이 그 놈의 뱃속으로 [떨어져] 흡사 우물 속으로 빨려가듯 사라졌다. 이 바다 위를 항해하는 배들은 이 물고기를 두려워했다. 밤에도 배들은 [기도를 위해] 기독교인들이 사용하는 소리나는 기구로 소음을 냈는데, 이 것은 이 물고기가 배에 붙지 않게 하고 또 배를 난파하지 못하게 하려는 것이었다.

이 바다에서 우리가 낚은 물고기 중 어떤 것은 길이가 10미터나 되었다. 우리가 그 물고기의 배를 가르면, 그 놈의 배 안에 같은 종류의 물고기가 나오기도 한다. 또 우리가 꺼낸 두 번째 물고기의 배를 가르면, 다시 그 고기의 배에서 같은 종류의 세 번째 물고기가 나온다. 이 모든 고기들은 살아있고 또 팔딱거리는데 이 고기들은 모두 같은 모습이고 서로 닮았다.

방금 문제가 되었던 이 거대한 물고기는 왈wâl이라고 불리는데 이 물고기는 어마어마한 크기에도 불구하고 그 기식자는 약 50cm밖에 되지 않는 라스크laŝk이다. 왈이 대장처럼 바다에서 물고기들을 다스리고 또 잡아먹지만, 태어날 때부터 왈의 귀에 [딱 붙어사는] 작은 라스크가 큰 왈을 지배하고 또 왈이 죽을 때까지 귀에 딱 붙어 떨어지지 않는다. 라스크는 선박에 붙기도 하고 또 이 작은 고기가 두려워 큰 고기는 감히 얼씬거리지도 못한다.

이 바다에서는 또한 사람들이 인간의 얼굴과 닮았다고

말하는 수면 위를 나는 물고기가 있다. 이 물고기의 이름은 마이mayj (또는 미이mij)이다. 물속에 사는 또 다른 물고기는 이 나는 물고기를 노리는데 나는 물고기가 [물 위를 날았다가] 바다에 내려올 때, 그 물고기를 삼켜버린다. 이 물고기는 안카투스anḳatūs라고 불린다. 이처럼 모든 물고기는 서로서로 잡아먹는다.

[중국은 광대한 나라라고 야쿠비Ya'ḳūbī가 말했다. 만약 [페르시아만에서] 바다를 통해 중국에 가려면 7개의 바다를 건너야한다. 이 각각의 바다들은 다른 바다에서 찾아볼 수 없는 고유한 색과 바람, 물고기 그리고 미풍을 가지고 있다. 첫 번째 바다는 파르스Fârs의 바다(또는 페르시아의 바다로 페르시아만)이며, 시라프에서 승선하고 "경계의, 국경의 갑"이라는 뜻의 라스 알 하드Râs al-haddRâs al-hadd라는 이름으로 더 잘 알려진 라스 알-줌주마Râs al-jumjuma("머리 갑"에서 하선한다. 이 바다는 좁다. 이곳에는 어장들(직역하면 진주 어장)이 있다.)

[마수디가 자신의 황금 초원과 보석 탄광의 책에서 언급했던 파르스의 바다는 오볼라Obolla와 바라지Barrages 그리고 바스라Baṣra 영토의 한 부분에 속하는 아바단 'Abbadân까지 펼쳐져 있다. 이 만은 1,400마일의 길이 그리고 만의 시작점에서 폭은 500마일이다. 때로는 두 해변 사이의 폭이 [단지] 150마일 정도밖에 되지 않는다. 이 만은 삼각형의 형태이고, 꼭지점에 오볼라가 있다. 삼각형태의 동부 해변은 페르시아 해변으로 이루어졌고, [그곳에서 차례차례로] 다워락 알-푸르스Dawrak al-Furs의 나라("페르시아식 좁은 주둥이의 항아리"), 마흐루반Mahrubân 도시, 직조 직물과 시니즈Sinîz로 불리는 여러 다른 천들을 생산하는 시니지Sinîzî(시니즈라는 도시 명에서 유래)가 있다. 그리고 자나비Jannâbî(자나바Jannâbâ에서 유래)라고 불리는 천의 이름을 딴 자나바 도시, 시라프

의 영토에 있는 나지람Najîram 도시 그리고 바누 아마라Banû 'Amâra의 나라
가 있다. 그다음에는 키르만Kirmân 해변 혹은 호르무즈Hormûz 나라가 있
는데 —호르무즈는 오만'Omân 내에 있는 신자르Sinjâr 도시의 맞은편에 있
다—. 키르만 연안, 그 직후에는 수라Šurâ라고 불리는 이교도들이 사는
마크란Makrân 나라의 해변으로 이어진다. 이 나라에는 종려나무가 많다.
그다음에는 마크란의 [수도] 티즈Tîz이다. 그리고 나서, 우리가 앞서 언
급했던 이 지방의 주요 강인 미란Mihrân강(인더스 강)의 어귀가 있는 신
드 해변에 이른다. 이곳에는 다이불Daybul 도시가 있다. 이곳에서 서인
도 해변이 바룩Barûč 영토(옛 이름은 바루카차Bharukaččha, 프톨레마이오
스Ptolémée의 지도에서는 la Βαρυγαζα로 표기, 최근 지도에서는 브로치
le Broach)와 접하고 있는데 그곳에서 사람들은 바루치barûčî (바룩에서 유
래)라고 부르는 창을 만든다. 마침내 해안은 일부 경작되고 또 일부는
자연 그대로의 상태로 중국까지 끊임없이 펼쳐진다. 파르스Fârs(페르시
아)와 마크란Makarân 그리고 신드Sind 해안을 마주보고 있는 강에는 바레
인Bahrayn 나라, 카트르Katr 제도, 바누 주자이마Judzayma 연안지대, 오만,
라스 알−줌주마(혹은 라스 알−아드Râs al-add)의 영토까지 [연결되어 있
는] 마하라Mahara 영토가 있으며, 이 영토들은 시르Šihr와 알−아흐카프
Al-Ahkâf ("곡선의 모래 띠로된 나라")의 영토의 한 부분이다. 페르시아
만은 몇몇 섬들을 포함하고 있는데 자나바의 영토에 속해 있고 또 자나
바의 지근에 있어 자바나의 나라라고도 불리는 하락Hârak과 같은 섬들
이다. 바로 이 섬에서 사람들은 하라키hârakî (또는 하락 진주)라고 알려
진 진주를 채취한다. 오왈Owâl 섬에는 바누 만Ma'an 사람, 바누 미스마르
Mismâr 사람 그리고 여러 다른 아랍 종족이 살았고, 이 섬은 바레인의 연
안 도시들로부터 하루 혹은 그보다도 적게 걸리는 거리에 있었다. 하

자르Hajar 해변이라는 이름을 가진 이곳에는 자라Zâra와 카티프Katîf 도시들이 있고, 오왈 섬 다음에 몇개의 섬들이 있다. 그중에서도 바누 카완Kâwân 섬 혹은 라파트Lâfat 섬은 현재 [943년]에도 그의 이름을 딴 회교사원이 존재한다. 이 섬에는 인구가 많고, 아므르 빈 알−아스'Amr bin al-'Âs에게 정복되었던 다수의 마을과 경작지가 있다. 이웃에 힌잠Hinjâm 섬이 있는데 이곳에서 선원들은 식수를 마련한다. 그곳에서 멀지 않은 곳에 [속담을 통해] 잘 알려진 작은 섬들 "쿠사이르Kusayr와 우와이르'Uwayr 그리고 더 나을 바가 없는 세 번째 [섬]이 있다". 그리고 마침내 뮈장당의 뒤르뒤르Durdûr de Musandam라는 이름으로 알려진 뒤르뒤르(소용돌이)가 있는데 선원들은 이것에("작은 당나귀의 아버지")란 아부 후마이르Abû Ḥumayr의 별명을 지어주었다. 바다의 사방은 수면 위로 드러난 검은 작은 섬들이다. 이 섬들에는 식물도 동물도 없이 깊은 바다로 둘러싸여 있으며, 거친 파도가 다가오는 뱃사람을 거칠게 내리친다. 오만과 시라프Sîrâf 사이에 있는 이 [위험한] 수역은 대형 선박들의 직선 항로 선상에 있기에 이 작은 섬들 사이로 지나가지 않을 수가 없었다. 그래서 어떤 배들은 실수로 [길을 잃어, 난파하고] 또 어떤 배들은 [항로를 잘 찾아서] 목적지까지 무사히 도착했다. 앞에서 보았듯 페르시아만의 이 바다는 바레인, 페르시아, 바스라, 오만과 키르만Kirmân을 에워싸고 있으며, 라스 알−쥠지마Ras al-jumjuma (혹은 라스 알−하드Râs al-hadd)까지 펼쳐져 있다.

[야쿠비가 언급한 두 번째 바다는 라스 알−줌주마에서 시작하고, 라르위 바다Lâr ou Larwî (또는 라르Lâr 나라의 바다, 말하자면 구제라트Gu-zerate의 바다)라고 불린다. 거대한 이 바다는 와크와크Wâkwâk의 섬들과 쟝Zang의 민족들까지도 포함한다. 이 섬에는 왕이 있다. 사람들은 하늘의

별빛만 보면서 이 바다를 항해해야 한다. 이 바다에는 대어들과 수많은 경이로운 것들 그리고 글로 표현할 수 없는 진기한 것들이 있다.]

마수디의 서술에 의하면 [라스 알-줌주마(혹은 라스 알-하드Râs al-hadd)에서 선박들은 페르시아만을 출항해 두 번째 바다 혹은 라르위 바다(라르Lâr 또는 구제라트 바다)를 항해한다. 사람들은 그 바다의 수심을 알 수 없고 또 물이 풍부하고 또 거대하여 경계를 정확히 확정할 수가 없다. 많은 선원들은 지리적인 묘사를 하고자 했으나 수많은 지류들로 인해 어렵다고 주장했다. 어쨌든 아비시니아의 바다라고 총체적으로 묶은 모든 바다들이 거대하고 또 파도가 거칠다할지라도 선박들은 일반적으로 두 달 혹은 세 달 만에 그 바다를 건너갔고, 순풍이고 또 선원들의 건강이 양호할 때는 한 달 만에 가기도 했다. 이 바다는 쟝의 바다(혹은 아프리카 동부 해변)을 포함하고 있고, 이 나라의 연안을 에워싸고 있다. 라르위 바다에서는 용연향이 드물지만 쟝의 해안과 아라비아반도의 시르Šiḥr 해변에는 많은 양이 있다.

이 나라에 사는 모든 주민들은 다른 아랍인들과의 혼혈인 쿠다 빈 마릭 빈 히마르Kuḍā'a bin Malik bin Ḥimyar의 후손들이고, 이들은 마하라Mahara라는 성으로 모두 묶을 수 있다. 이들은 숱이 많은 머리를 어깨까지 길렀으며 그들이 사용하는 언어는 아랍어와는 달랐다. 그들은 카프kâf 'k' 대신에 신šîn 'š'를 넣었다. 그들은 가난했고 또 비참했지만 마하라종으로 잘 알려진 뛰어난 혈통의 낙타를 가졌는데 다수 사람들의 견해에 따르면 그들이 밤에 낙타를 타고도 그 속도가 보가스Bogas (혹은 홍해 서부 해안에 있는 베자스Bejas)와 비슷하거나 심지어 보가스를 추월한다고 했다. 그들은 낙타를 타고 해변에 도착했고, 낙타는 파도에 떠밀려온 용연향을 발견하는 즉시, 그곳에 무릎을 꿇고 앉았다가 다시 일

어나는데 그때 낙타몰이꾼은 그 용연향을 채취한다. 가장 양질의 용연
향은 여기 섬들과 쟝 바다의 해안에서 발견된다. 그것은 둥글며 옅은
청색을 띠고 가끔은 타조 알만큼 굵거나 그보다 약간 적기도 했다. 그
리고 우리가 앞서 언급했던 아왈awâl이라 불리는 물고기가 이미 먹고 난
용연향 조각들도 있다. 파도가 심하게 칠 때, 바다는 바위 덩어리만한
큰 용연향 조각을 해변으로 토해냈다. 그때 이 물고기가 덩어리를 게걸
스럽게 삼켰다가 질식해서 죽게 되면 수면 위에 둥둥 뜨게 된다. 이때

쟝의 주민들이나 타지의 사람들은 배 위에서 적절한 순간을 기다렸다가 갈고리와 밧줄을 이용해 물고기를 끌어올린 후, 배를 갈라 용연향을 끄집어낸다. 내장 안에 있는 용연향은 역겨운 냄새가 났고, 이것을 이라크와 페르시아의 조향사들은 나드nadd라는 이름으로 불렀다. 하지만 물고기 등의 부위에 있는 용연향 조각들이 몸속에 가장 오랫동안 있었기에 순도가 더 높았다.

　[동일한 저자가 말하기를 그다음에는 라르위 바다가 있다고 말한다. 그 바다의 연안에는 사이무르Ṣaymûr, 수바라Sûbâra (봄베이Bombay 부근에 있는 수르파라카Surparaka의 옛 항구), 타나Tâna (봄베이 부근), 신단Sindân, 칸바야Kanbâya (이 만의 아래쪽에 있는 현재의 캄베이Cambaye) 그리고 또 다른 도시들이 있는데 모두 서인도와 신드에 속한다.]

　세 번째 바다는 하르칸드Harkand의 바다(벵골만)이다. 이 바다와 라르Lâr(구제라트) 바다 사이에는 수많은 섬들(라카디브와 몰디브)이 있다. 사람들의 말로는 섬의 수가 1,900개에 달한다고 한다. 이 섬들이 각각 두개의 바다로 분리되어 있다. 이 섬들은 한 여성이 통치하였다.

가끔 [바다에서] 큰 용연향 조각이 이 섬의 해변으로 떠밀려오는데 이
조각들은 가끔 식물의 모습 혹은 그와 유사한 형태를 하고 있다. 이 용
연향은 식물처럼 깊은 바다에서 자란다. 파도가 거칠 때 바다는 용연
향을 심해에서 수면으로 던지는데 이 용연향들은 버섯 혹은 송로버섯
의 모양을 하고 있다.

　　여성이 통치하는 이 섬에서 사람들은 야자나무를 경작했다. 이 섬
들은 서로 2, 3 혹은 4 파라상즈[1] 정도의 거리를 두고 떨어져있다. 이
모든 섬에는 사람들이 살았고 또 그곳에서는 야자나무를 경작했다. 주
민들의 부는 자패로 축적했고, 그들의 여왕은 이 자폐의 상당한 양을
왕실 금고에 비축했다. 사람들의 말로는 이 섬사람들 보다 더 솜씨 좋
은 사람들은 없다고 하는데 이들은 하나의 조각으로 된 튜닉을 짜는데
있어, 두 개의 소매와 두 개의 깃 그리고 가슴의 여밈이 가능하게 짤 수
있을 정도라고 한다. 그들은 배를 건조하고 집을 짓고 또 모든 종류의
작업들을 완벽한 기교로 해냈다.

---

1) 파라상즈는 약 5.5km 또는 3.4miles.

그들은 바다의 수면에서 자패들을 채취했다. [연체동물의 토기] 안
에서는 무엇인가 살아있다. [그것들을 잡기 위해서] 사람들은 야자나무
의 잔가지를 꺾어서 수면 위에 두면 자패가 그곳에 달라붙게 된다. 섬

사람들은 캅타이*kabtaj*라고 불렀다.

이 섬들 중 마지막 섬이 시란딥Sirandīb(실론)인데 이 섬은 하르칸드 바다에 있으며, 이 제도에서 가장 중요한 섬이다.

사람들은 이 모든 섬(라카디브와 몰디브)을 디바자Dībajât라고 불렀다. 시란딥에서는 어장(직역하면 진주 어장)들이 있다. 이 섬은 완전히 바다로 둘러싸여 있다. 시란딥 섬에는 라훈Rahûn이라 불리는 산이 있는데 [아담이 지상의 낙원에서 그가 쫓겨났을 때], 그가 내던져진 곳이다. −그에게 구원이 있기를!− 그의 발[자국]은 산 정상에 있는 바위에 움푹하게 찍혀져 있고, 그 정상에는 단지 한 발의 자국만 있다. −신의 가호가 있기를!−, 사람들이 말하기를, 아담이 떨어질 때, 큰 보폭으로 내딛어 다른 발은 바다에 빠졌다고 한다. 그리고 산의 정상에 있는 발 [자국]은 약 70쿠데Coudées[2]의 [길이]라고 한다.

이 산의 주위에서는 루비와 황옥 그리고 사파이어 등 많은 보석들이 발견된다.

시란딥 섬에는 두 명의 왕이 있으며, 이 섬은 크고 넓다. 이곳에서 사람들은 알로에, 금, 보석을 채취했고 또 바다 안에는 진주와 산크sank 고동이 있었다. 이것은 사람들이 부는 나팔[을 만드는 큰 고동]이며, 사람들은 이 고동을 귀하게 여긴다.

이 하르칸드Harkand 바다에서 시란딥으로 오는 길에는 섬들이 많지는 않지만, 큰 섬들이 있는데 이 섬들에 대한 자세한 언급은 없다. [그 섬들 중 하나인] 람니Râmnî 섬은 몇몇 왕들이 지배하고 있다. 사람들의 말에 의하면, 그 섬의 면적은 800 혹은 900파라상즈 [제곱미터]에 이른다고 한다. 그 섬에서 금광과 프란쿠르Frančûr의 [장뇌]라고 불리는 [장

---

2) 쿠데Coudées는 0.44미터.

뇌]가 있는데 이 장뇌는 최고의 품질이다.

이 섬들 다음에도 여러 섬들이 있는데 그 중 니아스Nias라고 불리는
섬이 있다. 이 섬에서 사람들은 다량의 금을 채굴한다. 이곳 주민들은
코코넛을 먹고살았다. 그들은 음식에도 코코넛을 사용하고 또 [코코넛
의 기름]을 몸에 바르기도 했다.

남자들 중 누군가가 결혼하기를 원한다면, 그는 자기 부족의 적들 중
에서 한 남자의 머리 사냥을 해와야만 결혼할 수 있었다. 만약 두 명의 적
을 죽였다면 두 명의 [여성]과 결혼할 수 있었고, 만약 50명의 적들을 죽여
[적의] 머리 50개를 가져오면 [자기] 부족 여성 50명과 결혼할 수 있었다.
이 관습이 생긴 이유는 이 섬의 사람들에게 많은 적들이 있었기 때문이다.
머리를 가장 대담하게 사냥하는 자기 부족에게서 가장 추앙을 받았다.

이 섬, 말하자면 람니 섬에는 많은 코끼리와 브라질 숲 그리고 대나
무 숲도 있었다. 그곳에는 식인 종족들도 있다. 이 섬은 하르칸드 바다
와 살라히트Šalâhit 바다(말라카Malaka 해협의 바다)에 맞닿아 있다.

이 섬 다음에는 인구가 밀집된 랑가바루스(니코바르 제도들)라고
불리는 섬들이 있다. 남성들과 여성들 모두 벌거벗고 살지만 여성들은
배꼽과 무릎 사이에 나뭇잎으로 신체의 일부를 [가리고] 있다. 이 섬들
로 배가 지나갈 때면 남성들은 소형 및 대형 카누를 타고 다가와서는
타지의 선원들에게 용연향과 코코넛을 주고 대신 쇠를 받으며 교환했
다. 이들에게는 옷이 전혀 필요 없는데 이유는 이 섬이 덥지도 춥지도
않기 때문이다.

랑가바루스 제도들을 지나면 안다만Andâmân이라고 불리는 바다에
두개의 섬이 있다. 이 두 섬의 원주민들은 [식인종이며 또] 살아있는 사
람도 먹는다. 그들은 검은 색의 피부색에 숱이 많고 곱슬곱슬한 머리

그리고 혐오스러운 얼굴과 눈 그리고 큰 발을 갖고 있었다. 그들 중 어떤´이의 발은 약 50cm나 되었다. 그들은 나체로 살고, 카누들도 없다. 만약 그들이 카누를 가지고 있었다면 그 섬 주위를 지나가는 모든 사람들을 잡아먹었을 것이다. 가끔 배들이 고장 나고 또 바람이 [없어] 항해를 할 수 없을 때도 있었다. 선원들은 비축된 물이 떨어졌을 때, 물을 구하기 위해 그들의 섬에 가기도 한다. 때로 이들 중 몇몇 선원들이 생포되기도 했지만 대부분 그들에게서 빠져나왔다.

[안다만 제도]의 이 섬 다음에는 산들이 있는데 이 산들은 [중국으로 가는 배의] 항로 방향이 아니다. 사람들이 말하기를 그 산에는 은광석이 있고, 아무도 살지 않으며 또한 그곳에 가기를 원했던 배들은 모두 도달하지 못했다고 했다. 그 은광석 산에 도달하기 위해서는 알−후스나미Al-Ḥušnāmī라고 불리는 산을 보면서 갔다. 이 주변을 지나던 배에서 선원들이 그 산을 보고는 그곳으로 항로를 잡았다. [산 가까이에 도착하면 닻을 내렸고] 또 다음날 아침 그들은 소형보트를 이용해 육지에 상륙했다. 그들은 나무를 가져와 불을 지폈다. [불의 작용으로 은광석이 반응하여] 은의 주조물이 생기게 되고, 선원들은 이곳에 엄청난 은이 있다는 것을 알게 되었다. 그들은 원하는 만큼 은을 챙겼지만, [은을 들고] 배에 승선했을 때, 파도가 거칠어 그들이 가지고 온 모든 은을 바다에 버릴 수밖에 없었다. 이러한 경험 이후에, 사람들은 그 은광석 산에 가기 위해 원정단을 조직했지만 그 산을 다시 발견할 수 없었다. 바다에서 이러한 종류의 모험은 흔하다. 선원들이 두 번 다시 보지 못한 금단의 섬들은 수없이 많았다. 그 섬들 중에는 [모든 침략으로부터 그 섬들은 보호하려는 마술적 금지로] 갈 수 없는 곳도 있었다.

가끔 사람들은 이 하르칸드 바다에서 그의 그림자로 배를 덮어버리는 흰 구름을 보기도 한다. 구름은 [일종의] 혀처럼 길고 또 가늘게 바다와 맞닿을 만큼 늘어난다. 그러면 바다는 부글부글 끓기 시작하고, [또 이 대기현상은] 먼지를 일으키고 또 기둥처럼 세워지며 육상에서의 용오름 모양이 된다. 이 해양의 회오리가 배에 닿으면 회오리는 배를 삼켜버린다. 그리고 나서, 구름은 아주 높이 올라가고 또 비를 뿌린다. 빗물은 바다에서 딸려온 부스러기들을 포함하고 있다. 구름이 바다에서 이 물을 끌어왔는지 혹은 이 현상이 다르게 생겨났는지 나는 알 수가 없다.

　　[동쪽의] 이 바다들은 모두 바람 때문에 요동치며 거칠어지고 또 각 냄비 속에서 물이 끓는 것처럼 부글거리며 사나워진다. 그래서 바다는 품고 있는 것들을 토해내고 또 그것들은 주변 바다에 있는 섬의 해변으로 밀어 올린다. 가끔 바다는 활이 화살을 쏘는 것처럼 바위들과 산들을 날려버리기도 한다.

　　하르칸 바다에 관해 말하자면 그곳에서는 또 다른 바람이 부는데 그 바람은 서쪽 [또는 서쪽 방향 중 한 곳]에서 북–북–서 방향으로 부는 바람이다. [그 바람이 불 때], 바다는 냄비 [안의 물]이 뜨거워지듯 끓기 시작하고 또 바다는 다량의 용연향을 토해낸다. 용연향은 바다가 더 넓고 또 더 깊을수록 더 좋다. 이 바다 즉, 하르칸 바다가 매우 거칠 때는 [수면이] 불에 타는 것처럼 보인다. 이 바다에는 루함luham이라고 불리는 물고기가 있는데 이 물고기는 무서운 괴수이다.

(한 장 또는 몇 장이 누락 됨)

　　[중국] 상품들의 소량만 [바스라와 바그다드에 도착했다]. 이 상품

들의 수입이 [아랍 나라에서] 형편없었던 이유는 한푸(광주)에서 일어나는 빈번한 화재 때문이었는데 [그 화재가 수출하기 위해 준비했던 상품들을 태워버렸기 때문이다]. 한푸는 [중국과 외국] 선박들의 사다리이자 아랍과 중국 상인들의 화물이 집결하는 창고였다. 화재가 그곳에 있었던 화물들을 태워버렸던 이유는 집들이 나무와 [불이 쉽게 붙는] 쪼갠 갈대로 지어졌기 때문이었다. [아랍 나라에서 중국 상품들이 드물었던] 것에는 [중국과 페르시아만을 왕래하는] 선박들이 난파되었던 이유가 있었다는 것도 언급되어야한다. 이 지역을 오가며 [항해하는 도중에] 있었던 약탈, 또 [중간 기착지의 항구에서 선박들이] 어쩔 수 없이 머물러야 했던 장기체류, 이러한 이유로 [지나가던 상인들은] 목적지인 아랍 나라에 도착하기 전 [중간 기착지에서] 자신들의 상품들을 팔아야 했기 때문이다. 가끔, 바람이 선박들을 예멘 혹은 다른 나라로 데려갔

기 때문에 그곳에서 상품들이 팔기도 했다. 가끔은 또 배에 손상이 생겨 수리를 하거나 어떤 재난이 생겨 복구를 하기 위해 항구에서 오랫동안 머물기도 했다.

상인 술라이만은 다음과 같이 언급한다. 상인들의 만남의 장소인 한푸에서 중국 왕은 자신이 [승인한] 나라에서 온 동일 신앙자들 중 한 명의 모슬렘인에게 사법업무를 맡겼다. 축제일에 그는 모슬렘인들의 기도 의례를 주관하고, 후트바ḫutba라고 불리는 [금요일 설교]를 암송하고, 또 모슬렘교도의 술탄을 위해 알라신에게 맹세했다. 이라크 상인들은 항상 이 남자가 내린 판단에 복종했는데 왜냐하면 모든 행위에 있어 그는 진실에 대한 걱정만 했고 또 전능하며 위대한 알라의 경전과 이슬람의 계율에만 영감을 받았기 때문이다.

배들이 접안하고 또 기항하는 항구에 관해서 말하자면 대부분의 중국 배들은 시라프에서 화물을 적재하고 또 그곳에서 출항한다. 그곳에서 화물들은 바스라, 오만 그리고 여러 다른 항구로부터 왔고 또 시라프에서 사람들은 중국 선박에 화물을 선적했다. 이 항구에서는 화물의 환적이 이루어지는 것은 [페르시아만에서] 바다는 매우 거칠고 또 어떤 곳에서는 수심이 낮았기 때문이다. 바스라에서 시라프까지 해상을 통한 거리는 120파라상즈 [= 약 320해리]이다. 시라프 항에서 선원들은 식수를 챙기고 또 출항을 하는데 -출항하다enlever(아랍어로 히티파hatifa)는 돛을 올리다mettre à la voile, 출항하다appareiller라는 의미로 뱃사람들이 사용하는 표현- 또 사람들은 마스카트(Mascate)라고 부르는 목적지로 출항하는데 마스카트는 오만의 지방 끝단에 위치하고 있다. 시라프에서 마스카트까지의 거리는 약 200파라상즈 [= 약 530마일]이다.

시라프와 마스카트 사이에 있는 페르시아만의 동부에는 바누-사팍
Banû'ṣ-Ṣafâḳ 해안과 이븐 카완Ibn Kâwân 섬이 있다. 같은 바다는 오만의 산
들을 둘러싸고 있다. 이 마지막 지역에서 뒤르뒤르(와류渦流)라고 불리
는 곳이 있는데 이곳은 두 산 사이에 있는 좁은 통로이며, 이곳을 통해
작은 배들은 통과할 수 있지만 중국 선박들은 항해가 불가능했다. 그곳
에서는 겨우 수면 위로 드러난 쿠사이르Kusayr와 우와이르'Uwayr라고 불리
는 두개의 작은 섬이 있다. 이 섬들을 가로질러서야 우리는 오만의 수하
르Ṣuhâr라고 불리는 지방에 가는 길로 들어선다. 이후, 우리는 마스카트
마을의 우물에서 식수를 비축한다. 그곳에서 사람들은 오만의 양떼 무리
를 볼 수 있다. 마스카트에서 배들은 서인도로 출항하고 또 말라야Malaya
의 쿨람으로 항해한다. 마스카트와 말라야의 쿨람 사이의 거리는 보통
바람의 속력으로 한 달 간 항해해야 한다. 말라야의 쿨람Kûlâm은 [도시를
보호하고] 또 나라를 지키기 위한 부대를 소유하고 있다. 바로 그곳에서
중국 배들은 기착 허가를 받는다. 그곳에서 사람들은 우물에서 식수를
비축했다..그곳에서 기착 허가를 받기 위해 중국 배 한 척 당 1,000디르
함dirham(약 1,000프랑)을 지불했고, [중국 선박들 보다 더 적은 톤수의]
기타 선박들은 [톤수에 따라] 1에서 10디나르dînâr (약 22에서 220프랑)
를 지불했다.

　　마스카트와 말라야의 쿨람 그리고(벵골만)의 하르칸드 [바다의 어
귀] 사이의 항차는 약 한 달이 소요된다. 말라야의 쿨람에서 사람들은
식수를 비축하고 나서 배들은 출항하는데 말하자면 하르칸드를 향해
돛을 올린다. 사람들이 이 마지막 바다를 통과하면 아랍어도 또 상인
들이 말하는 어떤 다른 언어도 이해하지 못하는 주민들이 사는 랑가바
루스라고 불리는 지방에 도착한다. 여기 주민들은 옷을 입지 않고 생

활한다. 그들은 피부가 희고, 수염이 적다. 사람들이 말하기를 이곳에서는 여인들을 결코 볼 수 없는데 왜냐하면 [섬이 보이는 곳으로] 배들이 지나가면 남자들만 나무의 속을 판 하나의 조각으로 만들어진 카누를 타고 다가오기 때문이다. 그들은 코코넛, 사탕수수, 바나나 그리고 야자수 술을 가져온다. 이 술은 하얀색의 음료인데 야자수를 수확할 때 바로 마시면 꿀처럼 달콤하다. 만약 한 시간 정도 발효하게 놔두면 이 음료는 와인처럼 [알코올이] 생기게 된다. 만약 몇일을 놔두면 그 술은 식초가 되어버린다. 원주민들은 이 물건들을 쇠와 교환했다. 가끔 그들은 용연향을 가져와 쇠붙이와 맞교환하기도 했다. 교환은 수신호로 했는데 왜냐하면 원주민들은 [외국 선원들의] 언어를 이해하지 못했기 때문이다. 그들은 수영을 매우 잘했다. 가끔 그들은 아무 대가

를 지불하지 않고 상인들에게서 쇠를 훔쳐가는 경우도 있었다.

랑가바루스에서 선박들은 곧이어 칼라-바르Kalâh-bâr라고 불리는 지방으로 출항한다. 바르bâr라는 이름으로 왕국과 해변을 지칭하기도 한다. 칼라-바르는 인도의 남부에 있는 자와가Jâwaga (자바)왕국의 [일부이다]. 칼라-바르와 자와가는 같은 왕이 통치하였다. 이 두 나라의 주민들은 허리에 토르소[3]를 걸쳤고 지도층들과 일반인들은 하나로 된 토르소를 걸쳤다.

[칼라-바르에서] 선원들은 우물에서 길은 식수를 비축했다. 이들은 샘물이나 빗물 보다 우물에서 길은 물을 선호했다. 하르칸드 [바다의] 부근에 있는 말라야의 쿨람과 칼라-바르(원문대로) 사이의 거리는 한 달 간의 항해가 필요했다.

선박들은 티우만 [섬]이라 불리는 지방을 향해 출항하는데 이 섬에서 원하는 선박들은 식수를 비축할 수 있었다. [칼라-바르에서] 티우만까지의 거리는 배로 10일이 걸렸다.

이후, 선박들은 [이전 기항지에서] 열흘이 걸려 쿤드랑Kundrang이라 불리는 지방으로 항해했다. 그곳에서 원하는 선박들은 식수를 비축할 수 있다. 또 서인도의 섬들에서도 물을 공급받을 수 있으며, 만약 그곳에서 땅을 판다면 지하수를 찾을 수 있다. 쿤드랑에서는 가끔 노예들과 탈주하는 도적들이 숨기도 하는 높은 산이 있다.

이전 기항지에서 열흘의 항해 후에는 캄파(안남과 현재의 코친차이나)라고 불리는 지방에 도착한다. 이곳에서도 식수를 구할 수 있다. 이곳에서는 캄파[라고 불리는] 알로에를 수출한다. 이 지방에는 왕이 있

---

3) 토르소pagne는 원주민들이 허리에 샅바처럼 두르는 간단한 옷.

다. 이 나라의 주민들은 갈색 피부이며, 그들은 두 개의 토르소를 걸치고 있다. 배들이 식수를 비축하고는 쿤뒤르-퓌라트Čundur-fûlât라고 불리는 섬을 향해 출항한다. 쿤뒤르-퓌라트와 이전 기항지 사이의 거리는 열흘의 항해이다. 이곳에서 식수를 비축할 수 있다.

그러고 나서, 칸헤이Čanhay (중국 서부의 바다)라고 불리는 곳으로 출항하고, 곧이어 중국의 문Portes de la Chine에 이른다. 이 문들은 바다에 떠있는 산들이며, 두 개의 산 사이에 선박들의 항해를 가능하게 하는 [일종의] 단층이 있다. 알라신이 보살펴 무사히 쿤뒤르-퓌라트의 기항지를 무사히 통과하면 중국의 목적지로 항해하는데 [그들은 도착하는데] 한 달이 걸리고, 그 기간 중에서 중국의 문을 통과하는 데는 약 7일이 걸린다. 배들이 이 문들을 가로지르고 또 [중국의 강] 하구에 도달하면 잔잔한 바다가 나오고 또 중국 나라의 지방에 도착하게 된다. 사람들은 이곳에 배를 정박하는데 이 도시는 한푸라고 불렸다. 중국의 전 지역은 큰 강과 작은 강에서 오는 식수를 구할 수 있다. 이 나라의 각 지방마다 그 지방의 군대와 고유한 시장이 있다.

해안에서는 밀물과 썰물이 하루에 두 번씩 일었다. 그러는 사이 바스라와 바누 카완 섬 사이를 포함하고 있는 [페르시아만에서] 밀물은 달이 하늘의 중앙에 있을 때만 일었고 또 썰물은 달이 뜨고 질 때만 일었다. 중국 근처에서는 [반대로] 바누 카완 섬 부근에까지 밀물은 달이 뜰 때에 일었고, 썰물은 하늘의 중간에 있을 때 일었다. 달이 지는 때, 새로운 밀물은 일었고 또 새로운 썰물은 반대로 달이 하늘의 중앙에 있을 때 일었다.

사람들이 바다의 동쪽에 말한Malhân이라 불리는 인도의 나라에 속하는 섬이 시란딥(실론)과 칼라(끄라Kra) 섬 사이에 있다고 말한다. 그 섬에서는 검은 피부를 한 주민들이 나체로 살았다. 그들이 외지인을 만나면, 발을 잡아 거꾸로 매달고, 그 외지인을 작은 조각의 살점으로 베어 날로 먹는다고 했다. 이 흑인들은 숫자가 많고 한 섬에서 모여 살고 있으며 왕이 없다. 그들은 물고기와 바나나, 코코넛, 사탕수수를 먹고 산다. 그들의 집에는 채소밭과 [우리나라의] 숲과 유사한 [섬의 일부가] 있다.

바다에는 물의 수면을 날아다니는 작은 물고기가 있다고 말하는데 사람들은 그것을 물메뚜기라고 불렀다. 사람들은 또 바닷물을 나와 야자나무까지 기어오르는 물고기가 있다고 한다. 이 물고기는 나무에 함

유된 액즙을 마시고 난 후 바다로 되돌아간다고 한다. 사람들은 또 바다에 가재와 닮은 물고기가 있다고 하는데 이 물고기는 바다에서 나오면 돌로 변한다고 한다. 이 돌로 사람들은 눈병에 잘 듣는 안약을 제조하는데 사용하는 것으로 보인다.

사람들이 말하기를 자와가의 주변에는 불의 산이라고 불리는 산이 있다고 하는데 이 산에는 접근이 불가능하다고 한다. 그 산에서는 낮 동안 연기가 나고 밤에는 불꽃이 피는 것을 볼 수 있다. 이 산의 아래쪽에는 음용 가능한 차가운 물과 따뜻한 물이 샘에서 솟아난다.

중국의 어린이와 성인들은 겨울과 여름에 비단옷을 입는다. 하지만 최상품의 비단은 왕만 사용할 수 있다. 그 외 주민들은 자신들의 능력에 따라 비단을 가질 수 있는 만큼 사용한다. 겨울에 남자들은 바지를 두 벌, 세 벌, 네 벌, 다섯 벌 또 그보다 더 많이 입을 수 있을 만큼 껴입는다. 이 습관은 [이 고장의] 많은 습기로부터 하반신을 보호하고자 하는 목적이다. 그들은 여름에 비단이나 유사한 소재로 만들어진 윗도리 셔츠만 입고, 터번을 쓰지 않는다.

중국인들은 쌀을 주식으로 한다. 그들은 가끔 밥과 함께 [소스 대신에] 쿠산kūšān을 준비해 밥 위에 뿌리고, 그것을 밥과 [함께] 먹는다. 왕들은 밀로 만든 빵과 모든 종류의 동물 고기와 돼지고기 등을 먹는다.

중국의 과일로는 사과, 복숭아, 레몬, 석류, 모과, 배, 바나나, 사탕수수, 멜론, 무화과, 포도, 오이, 히야르hiyâr(오이의 종류), 연(蓮), 호두, 아몬드, 개암, 피스타치오 열매, 자두, 살구, 마가목 열매 그리고 코코넛이다. 중국에는 종려나무가 많지 않고, 가끔 사유지의 정원에서나 볼 수 있다. 중국인들은 쌀로 조제한 일종의 술을 마시는데 포도로 만든 와인은 조제하지 않을 뿐만 아니라 수입도 하지 않는다. 그들은 결국 포도로 만든 와인을 알지 못하고 또 마시지도 않는다. 그들은 쌀로 만든 식초, 술, 일종의 잼 그리고 여러 종류의 먹을거리를 만든다.

중국인들은 청결하지 않다. 그들은 화장실에서 [모슬렘인들에게 권장되는 것처럼 용변을 본 후, 더러운 것을 없애기 위해] 씻는 대신 중국에서 생산된 종이로 대충 닦기만 한다. 그들은 조로아스터교도들이 하듯 [모슬렘 나라에서처럼 종교 의식을 통해 도살하지 않은] 죽은 채 [발견된 동물들]과 유사한 다른 것들도 그냥 먹는데 이것은 그들의 종교가 조로아스터교와 비슷하기 때문이다. 중국 여성들은 머리를 드러내놓고 있다. 그녀들은 머리카락에 빗을 꽂는다. 때로는 한 여성의 머리에 20개의 상아로 만든 빗과 다른 여러 장식품이 있는 것을 보기도 한다. 남자들은 카랑스와Kalanswa라고 부르는 모슬렘인들의 챙 없는 모자와 같은 머리모양을 하고 있다. 관습에 따르면 도둑이 체포될 경우, 사람들은 그를 사형에 처한다고 한다.

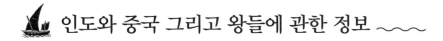

인도와 중국 그리고 왕들에 관한 정보 〰️

인도와 중국 사람들은 세상의 [위대한] 왕들이 총 4명이라는데 만장일치의 견해를 보인다. 4명 중 최고의 왕은 아랍의 왕으로 [말하자면 바그다드의 칼리프Khalife]이다. 인도인과 중국인은 아랍의 왕이 왕들 중에서 가장 위대하고, 부유하고, 장엄하며 또 그가 최고의 종교인 위대한 이슬람교의 왕이라는 점에 대해서 이견 없이 동의한다.

중국의 왕은 아랍의 왕 다음인 두 번째이다. 그다음에는 룸Rûm (비잔틴)의 왕과 발라흐라Ballahrâ 왕의 순인데 그는 [귀걸이를 매달기 위해] 귀를 뚫은 백성들의 왕이다. 발라흐라는 인도인들이 인정하는 최고로 고귀한 귀족 출신의 인도 왕이다. 인도의 각 왕들은 독립적이지만 모두 발라흐라가 최고로 고결하다는 것을 인정한다. 발라흐라가 다른 왕들에게 사신들을 파견하면 왕들은 사신들이 대표하는 발라흐라에게 경의를 표하기 위해 사신들의 이름으로 기도했다. 발라흐라는 아랍인들처럼 자애로운 기부를 했다. 그는 많은 말과 코끼리 그리고 돈을 소유하고 있었다. 그의 화폐는 타티리tâtiri라고 불리는 디르함(은화)이며, 이 디르함의 개별 무게는 왕의 화폐 한 배 반에 해당한다.

아랍인들은 예언자 마호메트의 기원을 헤지라부터 시작하지만 —그에게 구원이 있기를!— 발라흐라의 재위연도는 그보다 앞선 왕의 통치

기간에서 시작했다. 이들과는 달리 인도인들은 그의 집권부터 기원이 시작되고, 또 그 왕들은 오랫동안 통치했다. 가끔 어떤 왕은 50년 동안 군림하기도 했다. 발라흐라의 백성들은 자신들이 모시는 왕이 오랫동안 통치하고 또 장수한다면, 그것은 그들이 아랍 인들에 대해 자애(慈愛)를 가졌기 때문이라고 주장한다. 사실 발라흐라만큼 아랍인들에게 많

은 자애심을 가졌던 왕은 없었으며, 또한 발라흐라의 백성들도 그랬다.

발라흐라는 [로마 인들에게 시저César, 페르시아 인들에게 는] 키스라Kisrâ처럼 이 나라 모든 왕들의 호칭이지, 고유한 이 름이 아니다. 발라흐 라 왕국의 영토는 [인 도 서쪽] 바다의 해안 에서 시작하는데 그 곳에는 콘칸Konkan이 라 불리는 나라가 있 는데 그 나라는 국경 을 접하고 있으며, 중 국까지 뻗어있는 [아

시아] 대륙까지 [펼쳐져 있다]. 발라흐라 왕국의 주위에는 전시 상태에 있는 많은 왕들이 있었지만 발라흐라 왕국은 항상 승리했다. 이 [적군의] 왕들 중에서 구즈라Gujra의 왕이라고 불리는 자가 있었는데 그는 대군을 지휘했고, 인도의 어떤 왕도 그의 군대와 비교할만한 기병을 가지고 있지 못했다. 구즈라 왕은 아랍의 원수임에도 불구하고 아랍의 왕이 왕들 중에서 최고라고 인정했다. 인도의 어떤 왕도 구즈라 왕만큼 이슬람을 증오했던 왕은 없었다. 그는 반도를 [통치했다]. 그는 엄청난 부와 많은 낙타 및 가축들을 소유하고 있었다. [그 나라에서] 물건의 구매는 은괴로 했는데 사람들은 그곳에 은 광산이 있다고 했다. 이곳은 인도의 어느 곳보다 도둑으로부터 안전했다.

구즈라 왕의 이웃은 타칸Tākan 왕이었고, 그의 왕국은 그리 크지 않았다. 이 왕국의 여성들은 피부가 희고, 인도의 여성들 중 가장 아름다웠다. 이 왕이 평화적인 이유는 그의 군대가 그리 막강하지 않았기 때문이다. 그는 발라흐라 만큼이나 아랍인들에게 호의적이었다.

앞서 언급된 왕국들 [발라흐라와 구즈라 그리고 타칸의 왕들] 이웃에는 라마Rahmâ (바고 Pégou)의 [왕]이라 불리는 왕이 있었는데 그는 구즈라 왕과 전쟁 중에 있었다. 그는 귀족 출신의 왕이 아니었다. 그는 구즈라 왕과 전쟁 중인 동시에 발라흐라 왕과도 전쟁을 하고 있었다. 이 라마의 왕은 발라흐라 왕이나 구즈라 왕 그리고 타칸 왕보다도 더 강력한 군대를 보유하고 있었다. 사람들은 그가 전쟁에 나갈 때, 5만 마리의 코끼리를 동원한다고 말한다. 그가 오직 겨울(우기)에만 전쟁을 하는 이유는 코끼리들이 물을 마셔야하기 때문이다. 따라서 겨울 외에 코끼리들을 전쟁에 이용하는 것은 불가능하다. 라마 왕의 군대에서 나사(羅絲)를 세탁하는 사람만 해도 1만 5천명이나 된다고 했다. 이 나라에서는 다른 어느 곳에서 생산하지 못하는 옷들을 만드는데 이 옷들 중 어떤 것은 반지의 고리 안도 통과할 만큼 아주 얇다. 이 천은 면으로 되어 있는데 우리는 그 천의 견본을 보았다.

이 나라에서는 자패(紫貝)가 귀했다. 자패는 지역의 화폐 역할을 했고, 부를 가져다주었다. 이곳의 주산물은 금, 은, 알로에 그리고 [산스크리트어로] 카마라čamara라고 불리는 [티베트 야크의 꼬리 갈기로 만든] 직물이 있었고, 이 천으로 사람들은 파리 막이 그물을 만들었다. 이곳에는 반점이 있는 부산bušân이라는 동물이 있었는데 다름 아닌 코뿔소였다. [이 종의 코뿔소]는 이마에 뿔이 하나 있었고 또 이 뿔의 내부에는 사람의 얼굴을 닮은 형상이 그려져 있었다.

뿔은 아주 검었지만 내부의 형상은 흰색이었다. 코뿔소는 코끼리보다 작았고 색은 거무스름했다. 또 이 코뿔소는 물소와 닮았고 힘이 세

서 이 코뿔소 보다 강한 동물은 없었다. 이 코뿔소는 앞쪽 무릎에도 발에도 관절이 없었고, 발은 발굽에서 겨드랑이까지 [골격이 없어] 부드럽다. 이 동물을 보면 코끼리가 도망을 갔고, 또 소나 낙타처럼 되새김질했다. 이 코뿔소의 고기는 이슬람 인들에게 금기가 아니었기에 우리도 그 고기를 먹었다. 이 동물이 서식하는 덤불숲에는 많은 코뿔소들이 있었다. 인도의 다른 지역에서도 이 코뿔소를 볼 수 있었지만 라마에 있는 코뿔소 뿔이 가장 멋있었다. 그 뿔에서 사람들은 때로 사람의 형상과 공작, 물고기 등의 형상들을 발견할 수 있었다. [이 목적으로 잘게 잘려진 뿔의 판으로] 중국인들은 허리띠의 [문양]을 만들었고 또 중국에서는 이 허리띠의 가격이 2천에서 3천 디나르[4] 혹은 그 이상이 되기도 했다. 가격은 [허리띠의 뿔 문양]에 자연스럽게 새겨진 형상의 미학적 아름다움에 따라 매겨졌다. 이 모든 코뿔소의 뿔들은 라마(바고)에서 자패로 구입했고, 이곳에서 자폐는 지역 화폐의 역할을 했다.

라마 다음에는 내륙에 위치하는 나라가 나오는데 어느 지역도 바다와 접하지 않은 이곳은 락스미푸라Lakṣmîpura 왕국(아쌈Assam에 있는 락스미 여신의 도시)이라고 불렸다. 이곳 주민들의 피부색은 희고, 귀를 뚫었으며 또 아름답기로 정평이 나있다. 그들의 일부는 유목민이며, 그 외의 다른 사람들은 산에서 산다.

락스미푸라 왕국 다음에는 바다를 접하고 있는 키란즈Kîranj라고 불리는 왕국이 나온다. 이 왕국은 가난한데도 허세를 떠는 왕이 다스렸다. [이 나라의 해변에서는] 많은 용연향이 떠밀려나온다. 왕은 코끼리 상아를 보유하고 있다. 이 왕국에서는 신선한 생 후추를 바로 소비하는데 왜냐하면 수확량이 적기 때문이다.

---

4) 디나르(dînâr)는 아라비아의 옛 금화.

키란즈 왕국 다음에는 많은 왕국들이 나오는데 그 숫자는 오직 알라신만이 알 것이다 −신의 가호와 영광이 있기를 !−. 그 왕국들 중에서 무자Mûja 왕국이 있다. 이 왕국에 사는 주민들은 희고 또 중국인처럼 옷을 입는다. 그곳에는 많은 사향(麝香)이 있다. 그 왕국에는 또 지상에서 가장 높은 흰 산(눈으로 덮인?)들이 있다. 무자 인들은 주변국의 많은 왕들과 전쟁을 했다. 이 나라에서 수확한 사향은 탁월하고 완벽하다.

무자 왕국을 지나면 도시가 많은 마바드Mâbad 왕들의 나라이다. 이 나라는 무자 왕국까지 뻗어있지만 인구는 더 많고 또한 마바드 주민은 무자 주민 보다 중국인과 더 유사하다. 중국처럼 지방의 관리들은 환관이었다. 마바드 왕국은 중국의 국경과 접하고 있다. 이곳 왕들은 중국의 왕과 평화를 유지하며 살고 있지만 그들이 중국 왕에게 복종하는 것은 아니다. 해마다 마바드 왕들은 중국 왕에게 줄 선물과 함께 사신들을 보내고 또 중국 왕 역시 그들에게 그렇게 했다. 마바드 나라들은 거대하다. 마바드 대사들이 중국에 도착하면 그들은 정성껏 호위되는데 사신의 사절단 수가 워낙 많아 중국인들은 그들이 자기 나라를 점령할까봐 두려워했다. 마바드 나라와 중국 사이에는 산과 계곡들 밖에 없다.

사람들이 말하기를 중국에는 200개가 넘는 주요 도시들이 있는데 그 각각의 도시에는 [통치를 위해] 왕의 [가신]과 환관이 있다고 했다. 다른 도시들은 이 주요 도시에 속해있었다. 이 주요 도시들 중 하나인 한푸에는 선박들이 정박했고 또 20개의 도시들이 속했다. 자담jâdam이 있는 도회지를 사람들은 '도시'라고 부른다. 자담은 사람들이 부는 일종의 트럼펫이다. 이 악기는 길고 또 [악기의 둘레는] 양 손을 두른 굵기이며 중국 도자기를 뒤덮은 것과 같은 유약을 칠했다. 그것은 약 150 혹은 200cm의 길이였다. 악기의 취구(吹口)는 사람이 입에 넣을 수 있게 얇았다. 자담의 소리는 약 1.5km[5]까지 들렸다. 각 도시는 4개의 문이 있으며, 각 문에서 밤과 낮의 특정 시점에 다섯 개의 자담이 울렸다. 각 도시마다 자담이 울리는 동일한 시간대에 치는 10개의 북도 있었다. 이 악기는 군주에게 경의를 표시하기 위해 사용하고 또 주민들은 또한 밤과 낮의 몇 시인지를 알 수도 있다. 그들은 이외에도 시간을 재기 위한 좌표점(해시계)과 분동 [기구]를 가지고 있었다.

중국에서 상거래는 푸루스Fulūs(동화)로 지불했다. 중국 왕실의 보고는 [다른] 왕들의 것과 유사하지만 푸루스 현금과 함께 보물을 채웠던 보고는 중국의 왕 밖에 소유하지 못했다. 이 동화들은 나라의 화폐였다. 중국인들은 금, 은, 고급 진주, 당초문양이 새겨진 비단, 생사(生絲) 등을 많이 가지고 있었다. 하지만 [금과 은]은 상품처럼 여겼고 또 국가의 화폐로는 푸루스 [혹은 동화만이 유일하게 통용되는] 나라의 화폐였다.

중국에서는 상아와 향, 구리 괴, 바다거북의 등껍질 그리고 우리가 앞서 언급했던 코뿔소의 뿔로 중국인들이 허리띠의 [장식]을 하는 그 부산bušān을 수입했다.

중국인들은 짐을 나르는 가축을 많이 소유하고 있었다. 그들은 아랍종의 말은 보유하고 있지 않았지만 다른 종의 말은 있었다. 그들은 당나귀와 다량의 낙타를 소유하고 있었는데 그 낙타는 쌍봉낙타였다.

중국에는 아주 질 좋은 점토가 있어 이것으로 유리병 두께만큼 얇은 컵(이나 그릇)을 만들었는데 사람들은 투영하여 그 컵에 담긴 액체를 볼 수 있었다. 언급된 컵들은 그 점토로 만들어졌다.

---

5) 자담의 소리에 관해 원문에는 "천mille"이라고만 기술되어 거리의 개념이 명확하지 않음. 따라서 라루스Larousse 사전을 참고하며 로마의 거리단위인 1000보 즉, 1481.5m로 계산하였음.

선원들이 바다를 항해하여 중국에 도착했을 때, [이 일을 담당하는] 중국인들은 선원의 상품들을 거두어 창고에 보관했다. 그들은 [같은 계절풍으로 오는] 마지막 배가 도착할 때까지 상품들을 6개월 동안 모든 사고로부터 안전하게 잘 보관한다. 그래서 중국인들은 모든 수입된 상품들에 대해 [현물로] 30%의 수입 관세를 징수했고 또 그 밖의 것은 상품의 소유자였던 상인에게 맡겼다. 중국 왕은 필요한 것을 가장 비싼 가격에 구매했고 또 즉시 대금을 지불했으며, 왕은 상인에게 절대로 피해를 주지 않았다. 왕이 우선적으로 많이 구입한 수입 물품들은 장뇌였으며, 1 만mann에 50 파쿠즈fakkūj를 지불했다. 1 파쿠즈는 1천 푸루스(동화)이다. 왕이 구입하지 않은 장뇌는 [반대로] 이전의 절반 가격으로 다른 구매자에게 판매되었다.

중국인은 사망 시, 몇 년이 지난 어느 해의 망자 기일에 매장을 했다. 사람들은 시신을 나무 관에 넣고 관을 집 안에 두었다. 사람들은 시신 위에 석회를 뿌려 모든 액체를 흡수하고 또 보존되도록 한다. 왕의 [시신]은 소코토라의 알로에와 장뇌 안에 둔다. 중국인들은 3년 동안 고인을 애도하는데, [돌아가신 부모 앞에서] 울지 않는 자는 태형에 처해진다. 여성과 남성에게 동일한 형벌이 적용되고 사람들은 벌을 받는 자에게 다음과 같이 말한다.

– 네 부모의 죽음이 너에겐 애통하지도 않단 말이냐 ?

아랍인들이 하듯 시신들은 묘혈 안에 묻힌다. 사람들은 고인의 음식을 끊지 않는다. 중국인들은 고인이 물을 마시고 또 음식을 계속 먹는다고 믿기에 밤에 고인의 옆에 음식을 놔둔다. 다음날 아침, 음식이 모두 없어지면 이것을 두고 사람들은 고인이 먹었다고 말한다. 시신이 집에 있는 동안 사람들은 끊임없이 애도하고 또 음식을 제공한다. 중국

인들은 고인의 [명예로운 장례를 실현하기 위해] 재산을 탕진한다. 그들은 모든 현금과 부동산 [매매 금액]을 그들이 가난해질 때까지 지출한다. 예전에 중국인들은 가구와 옷 그리고 허리띠를 죽은 왕과 함께 묻었다. 중국에서 허리띠는 엄청난 가치를 가졌다. 하지만 이 관습은 이젠 없어졌는데 왜냐하면 시신이 파헤쳐지고, 또 시신과 함께 매장되었던 모든 것들이 도굴되었기 때문이다.

가난하든 부유하든, 젊든 나이가 들었든 모든 중국인은 글을 쓰고 읽기를 배웠다.

중국 관리들의 지위는 그들의 직급과 [그들이 통치하는] 도시의 중요성에 따라 다양했다. [중국에서] 소도시의 관리를 투상*tûsang*이라 부르는데 투상의 의미는 "그가 도시를 관리하다"이다. 한푸와 같은 도시의 관리는 디푸*dîfû*라는 지위를 가진다. 환관들은 투캄*tûkâm*의 지위를 가지며, 중국에서 환관들은 일부가 그 지역 출신자이다. 대법관은 락시 맘쿤*lakšî mâmkûn*이라 불린다. 이런 종류의 다양한 지위들이 더 있지만 잘못 옮길 수 있어 [우리는 더 이상 언급하지 않기로 한다]. 어떠한 중국인도 마흔 살이 되기 전에는 관리의 지위로 승진할 수 없다. 이 나이가 되어서야 경험을 통해 박식해진다고 한다.

　하위 직급의 관리들이 그들이 관리하는 도시에서 [판결] 업무를 볼 때, 그들은 큰 방 안에 있는 의자에 앉았다. 그들 앞에는 [또 다른] 의자가 있다. 사람들은 재판-관리에게 서류를 제출하는데 그 서류에는 소송인들의 각자 변론이 수기로 적혀있다. 관리 뒤에는 [중국어로] 리부 *lību*라고 불리는 남자가 서있다. 만약 관리가 그가 맡은 판결에서 실수로 오류를 범하면, 리부는 [그에게 오류를 지적하며] 그가 제대로 판결할 수 있도록 한다. 소송인들의 말은 묵살되는데 왜냐하면 논거가 설득력을 갖기 위해서는 문서로 제시되어야하기 때문이다. 고소인이 재판-관리 앞에 서기 전, 재판소 문 앞에 있는 한 남자가 그의 청원서를 읽는다. 만약 그 청원서에 오류가 발견되면 수정을 위해 그는 고소인에게 돌려보낸다. 법을 아는 서기에 의해 작성된 청원서들만 재판-관리에게 전달된다. 서기는 청원서에 하기와 같이 기재한다.

　"이것은 누구누구의 아들에 의해 작성되었다."

　만약 청원서에 오류가 있으면, 서기에게 징계가 내려지고 그는 태형을 받는다. 재판-관리는 [허기와 갈증 때문에 인간적으로 저지를 수 있는] 실수를 범하지 않기 위해 배를 채우고 또 마신 후에야 의자에 앉았다. 개별 관리들은 그가 다스리는 도시의 재정에서 보수를 받았다.

　중국의 최고 군주는 단지 10개월에 한번만 모습을 보였다. "그가 말하길, 만약 국민들이 [자주] 나를 본다면, 나를 존중하는 마음이 덜해질 것이다. 권력은 전제 군주제를 통해서만 유지될 수 있는데 왜냐하면 민중은 공정성이 무엇인지 모르기 때문이다. 그래서 백성들에게 존경받기 위해 우리는 그들에게 전제 군주제를 적용할 필요가 있는 것이다."

　땅에 대한 토지세는 지불하지 않지만, 남성들은 재산 상황에 걸맞게 인두세를 내야했다. 아랍인들과 다른 외국인들은 자신들의 교역품에 대해 특별 관세를 내야 하는데, [이 교역 세에 대한 대가로, 중국 세무서는] 해당 상품의 관리를 맡았다.

[식료]품들이 비쌀 때, 왕은 국가의 창고를 열어 식량을 개방하여 시장보다 싼 가격에 그 식량을 판매하고, 이 자구책을 통해 이 식료품의 물가가 너무 오르지 않게 했다.

왕실 국고가 거두어들이는 자금은 단지 인두세뿐이다. 한푸에서 국고로 매일 징수되는 금액은 50,000디나르가 넘는 것으로 나는 추정하지만 그럼에도 이 도시는 중국에서 가장 큰 도시가 아니다. 중국이 풍족하게 생산하는 물품들 중에서 왕은 소금 전매권과 중국인들이 따듯한 물에 (차)를 [우려내어] 마시는 [일종의] 말린 잎차herbe를 독점적으로 점유하고 있다. 이 말린 차는 모든 도시에서 엄청나게 비싼 가격으로 팔린다. 사람들이 사흐Sâh라 부르는 [이 식물은] 클로버보다 잎들이 더 많고, 클로버보다 약간 더 향기롭지만, 쓴맛이 난다. [차로 제조하기 위해] 사람들은 [먼저] 물을 끓이고 또 [그다음에] 그 끓는 물을 이 식물 위에 붓는다. 이렇게 우려낸 차는 모든 병에 해독제 역할을 한다.

왕실 국고가 거둬들이는 모든 자금은 인두세와 소금 [판매] 그리고 이 잎(차)의 판매를 통해 조달된다.

사람들이 다라darâ라고 부르는 종이 도시마다 있는데, 이것은 도시의 주지사 머리 위에 달린 종으로 줄로 연결되어 있다. 이 줄은 모든 사람이 [당길 수 있게] 길까지 연결되어 있는데 이것은 주지사가 모든 사람과도 소통하기 위해서이다. 이 줄은 약 1파라상즈의 길이이다. 사람들이 이 끈을 살짝만 당겨도 종은 움직이고 [또 울리게 된다]. 부당하게 피해를 본 사람은 이 줄을 당기면, 주지사의 머리 위에서 [또 울렸다].

고소인은 따라서 자신의 사
건과 부당함에 대한 피해를
알릴 수 있었다. 중국의 모
든 지역에서 사람들은 그렇
게 일을 처리했다.

한 지역에서 다른 지역
으로 여행을 원하는 자는 2
통의 편지가 있어야 했는데
한 통은 주지사가 그리고 다
른 한 통은 [자기 지역의] 환
관이 쓴 편지가 필요했다.
이 주지사의 편지는 여행자
의 이름, 그와 같이 가는 동
반자의 이름, 그의 나이, 동
반자의 나이 그리고 그가 속한 부족의 이름이 [기입되어 있는] 여행에
필요한 [일종의 여권]이었다. 중국에서 여행하려는 모든 사람들은 중국
인이든, 아랍인이든, 또는 어떤 외국인이라도 신분증을 제시해야 했다.
환관이 적은 편지는 여행자가 소지한 돈과 상품들에 관해 명시했는데,
왜냐하면 여행 중에 두 편지를 제시하라는 군 초소들이 있기 때문이다.
여행자가 이 초소들 중 하나에 도착하면 [여권 조사관]이 [편지에 비자
를 다음과 같이] 기록한다.

"누군가, 누군가의 아들이, 어떤 국적을 가졌고, 어느 해, 어느 달,
어떤 날, 무엇과 함께, 아무개와 함께 여기에 도착했다."

[이러한 조치는] 여행자가 돈은 물론 상품의 분실에서도 손실이 나

지 않게 하려는 것이었다. 만약 여행자가 어떠한 손실을 보거나 사망하게 되면 사람들은 어떻게 그 손실이 일어나게 되었는지 알게 되고 또 [손실 부분을] 그에게 어떻게 돌려줄지 알게 된다. 만약 그가 사망했다면 그의 상속인들에게 돌려준다.

중국인들은 무역 상거래와 공적인 일을 공정하게 행한다. 어떤 사람이 누군가에게 돈을 빌리면, 돈을 빌린 자는 이것에 관한 증서를 적는다. 채무자는 상대에게 적어준 증서 위에 자신의 손가락들 중 검지와 중지의 두 손가락을 모아 찍은 지문을 [서명 대신에] 첨부한다. 그러고 나서, 두 개의 증서를 모아, 같이 말고 또 한쪽이 다른 한쪽과 접하는 부분에 [문구를] 적는다. 그리고 그 두 증서를 각각 분리하고 또 차용자가 자신의 빚을 인정한 그 증서를 돈을 빌려준 자에게 준다. 만약 차후에 채무자가 자신의 빚을 부인하면, 사람들은 그에게 다음과 같이 말한다. "네가 [채권자에게 적었던] 증서를 제시하라."

만약 채무자가 [채권자의] 증서가 없다고 주장하고 또 다른 한편으로 증서를 발행했다는 것과 [지문을] 찍었다는 것을 부인하거나, 또 채권자의 증서가 분실되었을 경우, 사람들은 자신의 빚을 부인하는 자에게 다음과 같이 말한다. "네가 그 빚에 대해 채무가 없다는 것을 글로 써서 진술하라." 하지만 만약 차후에 채권자가 네가 부정했던 그 빚에 대한 증거를 가져오면 너는 등에 20대의 태형에 처해지고 또 동화 2만 파쿠즈의 벌금형에 처해질 것이다.

1 파쿠즈는 1천 동화의 가치이며, 이 가격은 약 2천 디나르(또는 4만 프랑) 가치에 해당된다. 20대의 태형은 사망에 이르게 된다. 그래서 중국에서는 인생과 재산을 한꺼번에 잃는 두려움 때문에 아무도 이러한 진술을 하지 못한다. 그 진술을 하라고 요구했을 때 그것에 동의하

는 사람들을 우리는 아무도 보지 못했다. 중국인들은 [결국] 이사람 저 사람 모두에게 공정하다. 중국에서는 아무도 부당한 대우를 받지 않았다. [소송에서] 당사자들은 증인들에게도 또 [모슬렘인들처럼] 신에 대한 맹세에도 도움을 청하지 않았다.

누군가가 파산을 하면, 채권자들은 자신들의 비용으로 그를 왕궁에 있는 감옥에 가두고, 또 그에게 부채가 있음을 인식시킨다. 감옥에서 한 달 동안의 감금 후, 왕은 그를 끌어내고는 다음과 같이 공개적으로 선언한다. "누군가, 누군가의 아들이 아무개의 아들 돈을 [탕진하고] 파산했다." [만약 사람들이] 파산자가 다른 사람의 집에 돈을 맡겨두었든가, 그가 부동산이나 노예를 소유했다든가 또는 그의 부채를 보증할 수 있는 무엇이라도 있다는 것을 알게 되면 사람들은 매달 그를 [감옥에서] 꺼내 엉덩이에 태형을 받았다. 왜냐하면 그는 [빚을 갚을 수 있는] 돈을 가졌음에도 [채권자들의 돈으로] 감옥에서 먹고 또 마시고 했기 때문이다. 그가 설득을 하거나 돈을 소유하지 않더라도 그는 매를 맞았다. 이 경우나 저 경우 모두 곤장을 맞는데 [그를 벌하면서] 그에게 다음과 같이 말한다. "너는 다른 사람들의 돈을 가져갔고 또 그 돈을 탕진했을 뿐이다." 또 그에게 "그 사람들에게 [네가 빌린] 돈을 갚아라"고 말한다. 만약 파산자가 자신의 빚을 갚는 것이 불가능하고 또 그가 아무 것도 가진 것이 없다는 것을 왕이 확신하면 사람들은 채권자들을 소집하고 또 말하자면 최고 군주(황제)의 바그부르 보고Trésor du Baghbûr를 통해 제공된 자본으로 빚을 청산한다. 최고 군주는 [페르시아어로] "하늘의 아들 Fils du ciel"을 의미하는 바그부르라는 [페르시아] 칭호로 지칭되었고, [또 티엔-취T'ien-tseu 중국 황제의 칭호를 글자그대로 번역한 것이다]. 아랍어로는 마그부르Maghbûr라고 한다. 그리고 나서, 사람들은 다음과 같이 선언한다. "[이제부터] 이 자와 사업을 한다면 누구를 막론하고 사형에 처해질 것이다." 이렇게 하여 누구도 자신의 돈을 잃어버릴 위험에 처해지는 일이 더 이상 일어나지 않는다. 만약 채무자가 다른 사람의 집에 돈을 숨겨두었다든가 또는 돈을 보관하는 자가 그 사실을 알리지 않았다는 것이 발각되면 보관자는 태형을 받아 죽게 된다. 채무자는 이 일에 대해 어떠한 벌도 받지 않을 것이다. 하지만 사람들은 돈을 가져가고 또 그 돈을 채권자들과 나누어가질 것이다. 게다가 채무자는 어떤 사람과도 거래를 할 수 없다.

중국에는 5미터 높이의 석비가 있는데 사람들은 그 비석에 음각으로 처방전을 새겼다. 그것은 약과 질환에 관해 다루고 있는데 어떤 병에 대해서 어떤 약을 [사용해야 하는지 처방전이 적혀져있다]. 환자가 가난하거나 [또는 필요한 약을 살 수가 없을] 때에는 [약을 마련하기 위한] 비용은 왕실 보고에서 지불했다.

중국에는 부동산에 대한 세금이 없었다. 사람들은 단지 납세자의 동산과 부동산 자산의 비중에 따라 인두세만 지불했다.

남아가 태어났을 때, 사람들은 왕에게 가서는 [공식 등록부에] 아이의 이름을 기록했다. 아이가 18세가 되면 인두세를 지불해야 했다. 그 의무는 80세가 되어서야 면제되었고, 또 왕실 보고의 [연금을] 받게 된다. 중국인들은 그 점에 대해서 다음과 같이 말한다. "그가 젊었을 때 우리는 그에게 세금을 부과했고, [당연하게] 그가 늙은 지금에는 우리가 연금을 지불한다."

각 도시마다 가난한 자들과 정부의 재정 지원으로 급식을 받는 가난한 아이들에게 수업을 하는 선생님과 학교가 있다. 중국 여인들은 모자를 쓰지 않고, 남성들은 모자를 쓴다.

중국에는 산 속에 타유Tāyū라고 불리는 마을이 있는데 그곳 주민들은 키가 작다. 작은 키의 모든 중국인들이 이곳 출신으로 [통했다]. [전체적으로] 중국인들은 풍채가 좋고, 키가 크며, 붉은 빛을 띤 밝은 피부이다. 중국인들은 세상에서 가장 검은 머리카락을 가지고 있다. 중국인들은 머리카락을 길게 늘어뜨린다.

인도에서는 누군가가 사형이라는 불가피한 처벌을 받을 행동을 한 어떤 사람에게 소송을 제기했을 때, 사람들은 고소인에게 다음과 같이 말한다. "당신이 고소한 자를 불로 심문하는 형벌을 주는 것에 동의하는가?" 만약 그가 "네"라고 대답하면 사람들은 쇠 조각 하나를 벌겋게 될 때까지 달구게 한다. 그러고 나서, 피의자에게 "손을 펴라"라고 말하고, 그의 손 위에 그 지방의 나무에서 딴 7장의 나뭇잎을 올려놓고 나서, 그 나뭇잎들 위에 [붉은] 쇠 조각을 올린다[6].

피의자는 걷기 시작하고, [얼마동안] 이리저리 왔다 갔다 한 후, 붉은 쇠 조각을 던져버린다. 사람들은 그다음에 가죽 주머니를 가져와 그곳에 피의자의 손을 넣게 하고 그리고 주머니를 왕실의 밀랍으로 봉인한다. 삼일 후, 사람들은 정미하지 않은 쌀을 가져오게 하고는 얼마 전 벌을 받은 자에게 다음과 같이 말한다. "[알맹이가 떨어지도록 그 쌀을] 비벼라." 만약 그의 손에 [화상의] 흔적이 전혀 없으면, 이 소송은 판결이 내려진다. 소송은 끝나고 또 그에게 사형 선고를 내리지 않는다. 고소인은 금 1만mann의 벌금형이 선고되고, 왕은 그 돈을 가진다. 때때

6) 물이나 불로 고통을 주는 판결인 신명재판(神明裁判).

로 사람들은 쇠나 구리로 된 냄비 안에 물을 넣고 누구도 접근하지 못
할 만큼 [뜨거운 온도가] 될 때까지 끓인다. 사람들은 냄비에 쇠로 만든
반지를 던져 넣고, 피고인에게 "[끓는 물에] 네 손을 넣어라"고 말한다.
피고인이 [무죄로 판정받기 위해서는 화상을 입지 않고] 반지를 꺼내야
한다. "나는 [끓는 물에] 자신의 손을 넣고 또 [그 손에 화상을] 입지 않
고 그것을 꺼내는 사람을 보았다"고 [술라이만이 언급했다]. 그리고 고
소인은 유죄선고를 받았는데, [불로 심문하는 형벌과 같은 결과가 나왔
기 때문에] 금 1 만의 벌금형이 선고되었다.

　시란딥(실론)의 왕이 사망했을 때, 사람들은 시신을 지면과 거의 맞
닿게 하여 수레에 싣는다. 시신은 수레의 뒤쪽 부분에 메달아 [다리를
하늘로 향하게 하고], 수레에 등을 대고 [머리를 뒤편으로 위치시켜],
땅에서 나는 먼지 속에 머리카락이 질질 끌리게 한다. 손에 빗자루를
든 한 여인은 왕의 머리 위로 먼지를 뿌리고 또 의식을 보려고 모여든
군중에게 말하기를 "어이, 여보게들! 이 자는 어제의 자네들 왕이야, 그
는 당신들을 통치했고 또 그의 명령은 절대적이었지, 하지만 당신들이
보듯, 지금은 이 세상의 부귀영화를 포기한 상태가 되었지. 죽음의 천
사가 그의 영혼을 가져갔지. 그러니 당신들도 더 이상 [쾌락적인] 삶에
마음을 빼앗기지 마시게". 그리고 그녀는 3일 동안 같은 말을 반복했
다. 곧이어 사람들은 백단과 장뇌 그리고 사프란을 [넣고 장작더미를]
쌓았고, 시신을 불태워 그 재를 바람에 흩뿌렸다. 인도의 모든 주민들
은 시신을 화장했다.

　시란딥(실론)은 인도에 있는 섬들 중 가장 남쪽에 있었다. 때때로
왕의 시신이 불태워질 때, 그의 부인들이 불길에 뛰어들어 같이 불타기
도 했지만 그렇게 하지 않아도 된다.

　인도에는 숲과 산속을 떠돌아다니며 사는 사람들이 있었다. 그들은
사람들과 거의 어울리지 않았다. 그들은 때때로 풀과 야생 과일로 연명
했다. 이 고행자들은 여성과의 성적 관계를 모두 차단하고자 음경에 쇠
로 된 고리를 끼웠다. 그들 중 어떤 이들은 나체로 살았고, 어떤 이들은
표범가죽 몇 겹만 걸치고 태양을 마주보고 서있기도 했다. 나는 [어떤

곳에서] 방금 내가 말했던 그런 사람을 본적이 있었다. 그러고 나서는 내가 갈 길을 갔다. 16년 후, [내가 다시 그 곳을 갔을 때] 또 나는 같은 상태로 있는 그 고행자를 다시 보았다. 나는 그의 눈이 태양의 열기에 녹아 실명이 되지 않은 것이 놀라웠다.

각 왕국에서 왕족은 항상 왕실의 권위를 유지하는 하나의 가문만 형성하고 있으며 이 가문이 후계자를 정한다. 서기관들과 의사들 역시 카스트 계급을 형성하고 또 그 계급에 속하지 않으면 누구도 그 직업에 종사할 수 없다.

인도의 왕들은 최고의 왕에게 전혀도 복종하지 않는 것은 그들이 자신의 나라 안에서는 유일 지배자들이기 때문이다. [그럼에도] 발라흐라는 인도 왕들 중의 왕[이라는 칭호를 갖고 있다]. 중국에서는 황태자를 정하지 않는다.

중국인들은 방탕하지만 인도인들은 방탕함을 배척하고 또 방탕함에 빠지지도 않는다. 그들은 포도주를 마시지 않으며 또한 포도주로 만든 식초도 사용하지 않는다. 이러한 극단적 회피는 종교적 규정에 기인하는 것이 아니라 단지 그들이 발사믹 식초를 좋아하지 않기 때문이다. 그들이 말하기를 포도주를 마시는 모든 왕은 진정한 왕이 아니라고 한다. 인도인들은 그들의 제국을 둘러싼 다른 왕국들과 전쟁 중인데 그들은 "술 취한 왕이 어떻게 자기 왕국의 행정을 지휘할 수 있는가?"라고 말한다.

가끔 인도인들은 정복을 목적으로 전쟁을 하지만, 그것은 흔한 일은 아니다. 후추의 나라(말라바르)에 접한 곳에 사는 주민을 제외하고, 이제껏 나는 인도에서 한 제국이 다른 제국을 정복하는 것을 보지 못했다. 한 왕이 다른 나라를 정복하면 정복된 나라의 한 왕족에게 정복지를 관리하게 했다. 이렇게 하지 않으면 패배한 나라의 주민들은 이전과는 달라진 새로운 것들에 대해 만족하지 못할 것이다.

가끔, 중국에서 관리가 최고 왕의 권위에 불복하기도 한다. 이 경우 그는 참수되고 또 시신은 먹힌다. 이들은 모두 검으로 죽임을 당하고, 중국인들은 그 시신의 살을 먹는다.

인도와 중국에서는 결혼을 하고자할 때, [당사자 가족들은] 서로 추켜세우는 말을 하고나서 서로 선물을 교환한다. 그리고 나서 사람들은 심벌즈와 북을 울리며 결혼식을 축하한다. 이 결혼에서 교환한 선물은 요컨대 주는 사람의 재력에 걸맞게 은화로 한다. 만약 남자와 여자가 간통한 것이 입증되면 둘 다 사형에 처해지는데 이것은 전국적인 인도의 [법]이다. 만약 남자가 여성을 강간했다면 그 남자만 사형에 처해진다. 만약 여성이 자진해서 한 간통이면 그녀도 자신의 정부와 함께 사형에 처해진다.

인도와 중국에서는 좀도둑과 큰 도둑 모두 사형에 처해진다. 인도에서는 도둑이 동화 하나 혹은 더 이상의 동화를 훔쳤을 때, 사람들은 한 쪽 부분을 뾰족하게 깎은 긴 막대기에 도둑을 앉게 하고, 그 막대기가 항문을 뚫고 들어가 목구멍으로 나오게 한다.

중국인들은 [매춘을 하러 인도에서 온] 우상을 믿는 사찰 매춘부 대신, 직업적으로 하는 젊은 소년들과 남색을 하게 했다.

중국인 집의 벽은 나무로 되어 있다. 인도인들은 [자신들의 집을] 돌과 석회, 불에 구운 벽돌, 점토로 짓는다. 가끔 중국에서도 그렇게 똑같이 짓기도 했다.

[모슬렘인들에게서 본처나 임신한 노예는 임신이 끝난 후에야 아이의 아버지 외에 다른 남자와 결혼할 수 있었다. 그녀들은 피라스*firaš* 상태에 있다]. 중국과 인도에서는 피라스 상태의 여성들은 존재하지 않

는다. 중국인과 인도인은 어떤 여성 [다른 남자의 아이를 임신한 여성]
과도 결혼할 수 있다.

인도인들은 쌀을 주식으로 했다. 중국인들은 밀과 쌀을 주식으로 한다. 인도인들은 밀을 먹지 않는다. 인도인들과 중국인들 모두 할례를 받지 않는다.

중국인들은 우상을 숭배한다. 그들은 [모슬렘교도들이 알라신에게 비는 것처럼] 우상에게 빌고, 우상들에게 기도한다. 그들은 종교 서적을 소유하고 있다.

인도인들은 수염을 길게 기른다. 나는 가끔 1.5미터나 되는 수염을 기른 자도 보았다. 그들은 [모슬렘들처럼] 수염을 깎지 않는다. 대부분의 중국인은 수염이 없고 또 그들 중 대부분은 자연적으로 그러하다. 인도에서는 남자가 죽었을 때, 머리카락과 수염을 깎는다.

인도에서는 어떤 사람이 투옥되거나 감시 상태가 되면 사람들은 그에게 7일 동안 식음을 전폐하게 한다. 인도인들은 서로서로 감시할 수 있다.

중국에는 중국인들 사이에서 [몇몇 사건들]을 재판하는 [특별] 판사들이 있다. [이 특별 판사는] 관리[-판사들] 옆에서 [일한다]. 인도인들도 마찬가지이다.

중국의 각지에서 표범과 늑대를 볼 수 있다. 사자는 중국에도 인도에도 없다.

노상강도는 사형에 처해진다.

중국인과 인도인은 사찰의 우상들이 그들에게 말을 한다고 주장하지만, [또 그렇게 우상이 말한다고 믿게 하는 것은] 사원의 사제들이다.

중국과 인도에서 사람들은 먹기 위해 짐승들을 도축하지만, [피를 빼기 위해, 이슬람교도가 하는 것처럼] 목을 베어 죽이지 않는다. 대신 짐승들이 죽을 때까지 대가리를 때려서 잡는다. 인도와 중국에서는 [모슬렘인들이 하듯 성관계 이후에] 불순물을 씻지 않는다. 중국인은 대변을 본 후 씻지 않고, 종이로 [뒤를 닦고 만다]. 인도인은 매일 아침 먹기 전에 목욕으로 깨끗이 씻는다. 그러고 나서, 식사를 한다.

인도인은 월경하는 동안 여성과 성적인 관계를 절대 맺지 않는다. 여성에게서 오염되는 것을 막기 위해 그들은 여성을 집에서 나가 있게 한다. 중국인은 반대로 월경하는 동안 여성과 성적인 관계를 하고 또 그들은 여성을 집밖으로 내보내지도 않는다.

인도인은 [이쑤시개로] 이를 청소한다. 인도에서는 누구나 이를 닦고 또 목욕으로 몸을 깨끗이 씻고 식사를 한다. 중국인은 그렇게 하지 않는다.

인도는 중국보다 더 넓다. 면적은 중국의 두 배이다. 중국보다 왕들이 더 많지만, 중국이 인구는 더 많다.

중국에도 인도에도 종려나무는 없다. 하지만 이 두 나라에는 다른 종류의 나무들이 많고 또 우리나라에는 없는 과일들을 수확한다. 인도에서는 포도가 없고, 중국에만 조금 있다. 인도와 중국에서는 다양한 다른 과일들도 많이 생산한다. 인도에서는 석류가 많이 난다.

중국인은 종교학이 없다. 그들의 실천 종교(불교)는 인도에서 유래했으며, 인도인들이 우상 [부처]을 그들에게 소개했고 또 부처는 그들의 종교적 지도자라고 믿었다. 중국과 인도에서는 윤회를 믿는다. 중국인들과 인도인들은 [원래] 같은 종교적 원칙에서 다른 결과를 도출한다.

인도에서는 의학과 철학을 실천한다. 중국인 역시 의학을 실천하는데 그들의 주요 치료는 뜸이다.

중국인은 천문학을 실천하지만, 인도인은 이 학문을 더 많이 실천한다.

우리는 아랍어를 말하는 중국인이나 회교 인도인도 본적이 없다.

인도에서는 말이 별로 없지만, 중국에는 더 많다. 중국에서 코끼리가 없는 것은 사람들이 코끼리를 나쁜 징조의 동물로 여겨서 이 나라에 못 들어오게 하기 때문이다.

인도 왕의 군대는 다수이지만 군대는 보수[식량도, 봉급도]를 받지 않는다. 왕은 단지 성전이 있을 경우에 그들을 소집한다. 그래서 군대는 전투태세에 들어가고 또 자립으로 인력과 장비를 준비하는데 왕은 이 결과에 대해 아무것도 제공하지 않는다. 중국에서 군대는 아랍 군대의 보수와 동일하게 받는다.

중국은 [인도보다] 더 화려하고 또 더 아름다운 나라이다. 인도의 대부분 지역은 도시들이 없는 [황폐한 나라]이다. 반면 중국에서는 도처에 요새화된 대도시들이 있다. 중국에서는 기후가 더 좋고 또 [인도보다] 환자들이 적다. 공기는 매우 신선하여 장님이나 애꾸눈 그리고 장애자들도 볼 수 없다. 반면, 이런 종류의 장애자들이 인도에는 많다.

중국과 인도에서는 도처에 큰 강이 있는데, 이 강들은 우리나라의 강들보다 훨씬 크다. 이 두 국가 모두 도처에서 비가 많이 내린다.

인도에는 사막이 많다. 중국에서는 모든 지역에 사람이 살고 또 경작되어 있다. 중국인들은 인도인들보다 더 일을 잘한다. 중국인의 옷들과 가축들은 [인도인보다] 아랍인의 것과 더 유사하다. 의복 차림과 공식 행렬에서 중국인들은 아랍인들과 유사하다. 그들은 아랍어로 카바ḳabâ라고 부르는 옷과 허리띠를 착용했다. 인도인은 두 개의 간단한 옷을 착용하는데 남성과 여성은 금팔찌와 보석으로 치장했다.

중국 너머에는 투르크Turks와 티베트Tibet의 하칸ḥâkân이라 불리는 토구즈−오구즈Toguz-Oguz의 나라가 있다. 이 나라들은 [북서부에서] 투르크 연안의 중국과 국경을 이루고 있다. 바다의 해변 쪽에는 신라Sîlâ의 섬들(한반도)이 [중국과 국경을 이루고] 있다. [신라의] 백성들은 희다.

그들은 중국의 왕과 선물을 교환한다(말하자면 그들은 중국 왕과 평화롭게 지낸다). 그들은 그와 선물을 교환하지 않으면 자신들의 나라에 비가 오지 않을 것이라 믿는다. 어떠한 아랍인도 이 민족에 대한 정보를 얻기 위해 이 나라에 간적이 없다. [단지 우리가 아는 것은] 그곳에 흰 매가 있다는 것이다.

[다음에 오는 내용은 수사본의 아래쪽에 추가되어 있지만, 그 행들은 원본과는 다른 글씨체이다.]

1권의 마지막에 가엾은 무함마드가 회교 기원 1011년 [서기 1602년]에 이 책을 주의 깊게 읽었다.
알라신이 그의 결말을 아름답게 하고 또 그 이후에도 지속되기를, 아멘!
알라신이여, 이 책의 저자와 그의 아버지, 그의 어머니 그리고 모슬렘인들이 행한 오류를 용서해주시길 !

제2권

중국과 인도에
관한 정보

중국과 인도에 관한 정보 〰〰〰〰

    시리프 출신의 아부 자이드 알-하산은 다음과 같이 말했다 : 나는 이 책, 말하자면 1권을 정성스럽게 검토했는데 이 책에서 나는 바다에 관한 것과 해안을 접한 나라의 왕들, 해안에 사는 주민들의 특성과 관련된 주제에 대해서 앞서 언급한 책에서 나오지 않는 그들의 전통에 관한 자료에 대해 내가 아는 모든 지식을 동원하여 신중하게 검토하고 또 보충했다.

    [1권을 검토하면서] 나는 이 책이 회교 기원 237년 [=서기 851년]으로 거슬러 올라간다는 것을 확인했다. 이 시기 [=서기 9세기 전반]에는 [페르시아만에서 인도와 중국으로 가는] 해상여행은 일반적으로 이라크에서 이 두 나라로 자주 다녔던 수많은 상인들에 의해 이루어졌다. 책의 1권에 기록된 모든 내용은 사실적이고 진지하다는 것을 확인했지만, 중국인들이 망자에게 바치는 음식과 관련된 내용은 예외이다. 만약, 망자에게 음식을 바치면 밤이 지나고 다음날 아침이 되면 음식이 사라지고 없다고 했는데, 이것을 두고 망자가 음식을 먹었다고 주장했다는 것이다. 우리는 [죽은 중국인의 기이한 능력]에 관해 말하는 것을 들었다. 중국을 다녀와서 우리 집에 방문한 어떤 사람이 우리가 믿을 수 있는 정보들을 말해주었던 그날까지 [우리는 그 사실을 여전히 믿고 있

었다.] 우리가 그에게 이 주제에 관해 질문을 하자, 그는 사람들이 말했던 이야기가 정확하지 않다고 했고 또 그는 다음과 같이 결론을 내렸다. "이 점에 관해 우리가 믿을 수 있는 근거는 아무것도 없다. 우상이 그들에게 말을 한다고 주장하는 우상숭배자들에게도 우리는 똑같이 반박할 수 있을 것이다."

1권이 기술된 이후, 여러 상황이 많이 바뀌었는데 특히 중국에서 그러했다. 새롭게 발생한 사건들이 중국과의 모든 해사관계를 단절시켰고, 나라가 파산되었으며, 법이 사라졌고, 또한 권력이 분산되었다. 만약 알라신이 허락하신다면, 이 격동에 관해 내가 수집했던 정보들과 이유들을 지적하며 알려주고자 한다.

중국에서, 선박들이 드나들던 [페르시아만의] 시라프Sīrāf 항구와의 모든 해사관계에 종말을 고했고 또 질서와 정의를 망가뜨렸던 원인은 황 카오Huang Č'ao[7]라고 불리는 왕가에 속하지 않는 중국인 반란자의 출현 때문이었다. 그는 먼저 책략과 관대함을 권모술수로 이용하였고, 그 다음에는 무기를 들고 공격하였으며 또한 [인명과 재산에도] 손실을 입혔다. 그는 자신의 권력을 증대되고 또 자신의 재산이 불어나는 그 순간까지 불한당들을 자기 주위에 끌어 모았다. 그는 자신이 준비했던 계획을 완벽하게 실행하면서 중국의 도시들 중 하나인 한푸 시(광주)로 향했는데 그 도시는 아랍 상인들이 드나드는 곳이었다. 한푸는 바다에서 도보로 며칠이 걸리는 큰 강가에 위치하고 있었다. 한푸 주민들은 황 카오를 도시에 들어오지 못하게 했기 때문에 그는 회교기원 264년 [= 서기 878년]에 집요하게 공격했다. 도시가 점령되자, 그곳의 주민들은 가차 없이 학살되었다. 이 사건을 알고 있는 사람들의 표현에 따르

---

7) 황소의 난, 본 저서 후반부의 "어휘목록Glossaire"의 황 카오 참조.

면 살해되었던 중국인을 제외하고도 이 도시에 거처를 정하고 무역을 했던 120,000명의 모슬렘교도, 유대교도, 기독교도 그리고 조로아스터교도가 참수되었다고 한다. 이 4대 종교의 희생자들에 대해 정확한 숫자를 알 수 있었던 것은 중국인들이 그 외국인들의 숫자를 파악한 뒤, 세금을 징수했기 때문이다. 황 카오는 뽕나무 및 다른 나무들도 베어버렸다. 우리가 특히 뽕나무를 언급하는 이유는 유충이 고치 속으로 들어앉는 그 순간까지 누에벌레의 [먹이로] 중국인들이 그 나무의 잎들을 사용하기 때문이다. 뽕나무들의 제거는 특히 아랍의 나라들로 비단을 수출하지 못하고 종말을 맞게 되는 결정적인 이유가 되었다.

황 카오의 파괴 이후, 그는 이 도시에서 저 도시로 다니며 연거푸 도시들을 파괴해나갔다. 중국 왕은 황 카오가 훔단Humdân (중국어로 : 시-냥-푸 Si-ngan-fu)[8]라고 불리는 수도 가까이로 진격했을 때, 부랴부랴 도망을 갔다. 훔단에서 도망을 갔던 왕은 티베트에 인접한 마두Madû 시에 도착해 그곳에 정착했다.

반란은 지속되었고 또한 반역의 기세도 커져갔다. 황 카오의 의도와 그가 작정한 목표는 도시들을 파괴하고 또 주민들을 학살하는 것이

8) 중국의 서안(西安)으로 추정됨.

었는데 왜냐하면 그가 왕족의 출신이 아니었음에도 권력을 지독히 갈구했기 때문이었다. 그의 계획은 실현되어, 그는 중국의 지배자가 되었고, 우리가 글을 쓰고 있는 이 시간(916년 경)에도 그러하다.

황 카오는 중국 왕이 투르크 나라에 살고 있는 토구즈-오구즈Toguz-Oguz의 왕에게 전언을 보내는 날까지 권력을 유지했다. 중국인들과 토구즈-오구즈인들은 이웃이었고 또 그들의 왕가는 동맹을 맺고 있었다. 중국 왕은 토구즈-오구즈 왕에게 그 반역자를 진압해 달라는 간청을 위해 대사를 파견했다. 토구즈-오구즈 왕은 황 카오에 대항하기 위해 군수품과 탄약을 갖춘 수많은 병사들(마수디에 의하면 기병과 보병 400,000명 이상)로 구성된 군대의 수장으로 자신의 아들을 전장에 보냈다. 끝없는 전투와 치열한 전투 이후에야 황 카오는 궤멸되었다. 어떤 사람들은 황 카오가 살해되었다고 하고 어떤 이들은 그가 자연사했다고도 한다. 중국의 왕은 비로소 훔단이라 불리는 수도로 돌아올 수 있었다. 반역자는 그의 수도를 파괴했고, 왕은 더 이상 권한을 가질 수 없었다. 재정은 적자상태였으며 그의 지휘관들, 군대의 수장들, 용맹한 군사들이 전사했다. 게다가 각 지방에서 [다른 반역자들이] 나라들을 점령하고서는 수익의 일부를 [왕에게 지불하기를] 거부했고 또 자신들의 수중에 있는 자산을 압류하고 있었다. 하지만 중국 왕은 무능하게도, 생산물의 세금도 내지 않고 또 그를 군주로 인정하지 않음에도 복종과 충성의 표시를 하는 그 반역자들에게 특사를 내릴 수밖에 없었다. 중국은 이렇게 알렉산더Alexandre가 다리우스 대왕Darius le Grand을 죽게 하고 또 페르시아를 자신의 장군들에게 나누어 주었던 시기인 키르사Kisrâ (코스로에스Chosroès)시대와 같은 상태가 되었다. [중국의 지방정부를 탈취한 반역자들은] 그러한 목적으로 왕의 명령도 허가도 없이 자신들의 목적을 위해 서로서로 상부상조했다.

그들 중 강해진 한명이 더 약한 자를 굴복시키고, 승리자는 나라를 탈취하여 모든 것을 파괴하고 또 주민들을 잡아 먹어치웠다. 왜냐하면 중국의 법에 따르면 인육을 먹는 것은 허용되었고 또 시장에서도 흔히 팔렸다. 동시에 중국인들은 중국에 무역을 하러 온 [외국] 상인들을 죽이기 시작했다. 폭정은 절정에 달했고 또 아랍인 나호다nâhodâ(선주)와 선장들에 맞서 모든 [상상할 수 있는] 한계를 넘었다. 사람들은 상인들에게 [법적으로] 관계가 없는 의무를 강요했고, 그들의 재산을 탈취하고 또 규정을 위반한 자들로 취급하기도 했다. 이러한 행위 앞에서, 그 이름도 거룩한 알라 신이여! -알라는- 모든 중국인들에게서 은총을 거두어갔다. 바다는 [항해가] 불가능해지고 또 우리의 모든 활동을 지배하는 -신의 이름에 축복이!- 신의 전지전능함으로 재앙은 시라프와 오만의 항해사들과 중개인들에게도 퍼졌다.

1권의 저자는 중국의 일부 법률에 관해 언급했지만 그 정도에서 머물렀다. 그는 [예를 들어] 다음과 같은 사례를 언급했다. 남자와 여자가 이전에는 품행이 단정해도 간통을 하면 사형에 처해졌다. 도둑과 살인자도 같은 형을 받는다. 사형의 집행은 다음과 같은 방법으로 실행된다.

사람들은 처형될 사람의 손들을 강하게 결박하고, 그 손들을 밧줄로 단단히 연결한다. 그다음에 손들을 그의 목에 밀착시키면서 머리 위쪽 편으로 올린다. 그러고 나서, 사형수의 오른발을 나와 있는 오른 팔 안쪽으로 들어가게 한다. 그리고 왼쪽 다리를 왼쪽 팔 안쪽으로 넣으면 두 발은 모두 등 쪽으로 늘어지는데 [이 자세에서, 몸은] 수축되고 또 몸은 둥그런 형태가 된다. 그렇게 되면 사형수는 혼자서는 아무 것도 할 수 없는 상태가 되어 감시도 할 필요가 없다. 그래서 목은 관절로부터 탈구되고, 척추뼈들은 몸으로부터 첨차 분리되고, 허리 관절부도 빠지고, 팔다리들은 서로서로 안쪽으로 조여들고 또 호흡이 어렵게 된다. 사형수를 이런 자세로 혼자 내버려두면 그는 얼마 지나지 않아 죽게 된다. 방금 언급하였듯이 사형수가 결박되었을 때, 사람들은 몽둥이로 신체의 일정 부위를 정해진 횟수만큼의 때리는데 그곳에 맞으면 치명적이 되고, 또 태형의 횟수를 넘기지 못하고 죽어버린다. 사형수가 아직 숨이 붙어있으면 그를 잡아먹을 사람들에게 줘버린다.

중국에는 정숙한 여자로 살아가기 보다는 매춘에 종사하기를 원하는 여성들이 있다. 관행에 따라 그녀들은 경찰서장과 면담을 하면서, 정숙한 여성의 삶에 전혀 관심이 없다는 것과 매춘 여성들을 규제하는 규정에 잘 따르면서 매춘부의 일원으로 포함되기를 선호한다는 것을 그에게 선언해야 한다. 매춘부를 규정하는 규칙은 다음과 같다.

친필로 자신의 출생지와 인상착의, 주소를 적고 또 그녀는 매춘사무소에 등록을 한다. 사람들은 그녀에게 왕실의 인장이 새겨진 동으로 된 관인을 목에 걸게 한다. 그리고 그녀에게 면허장을 배부하는데 거기에는 매춘부의 일원으로 포함되었고, 연간 구리 동전으로 일정한 금액을 황실 국고에 납입해야 하며 또 누구든 그녀와 결혼하는 자는 사형에 처한다고 언급되어 있다. [그때부터] 여성은 정해진 금액을 매년 납입하고 또 위험 없이 매춘을 할 수 있다. 이런 여성들은 화려한 색상의 옷을 입고, 얼굴을 노출한 채, 밤마다 외출을 한다. 그녀들은 이 지역에 최근 도착한 외국인들 −무종교인들과 타락한 자들− 그리고 중국인들을 찾아 나선다. 그녀들은 그들의 집에서 밤을 보내고 다음날 아침에 나온다. 우리의 입장으로 볼 때, 그러한 죄악으로부터 우리를 순결하게 해주시는 알라신을 찬양합시다.

중국인들은 모든 상거래를 동화로 지불하고 또 디나르(금화)와 디르함(아랍인과 같은 은화)을 사용하는 상인들을 피한다. 요컨대 그들이 말하기를 만약 금화나 은화로 무역을 하는 아랍인 집에 도둑이 들었다면, 그는 금화 10,000개 그리고 은으로 주조된 동일한 금액을 등에 메고 훔쳐갈 수 있었는데 그렇게 되면 그는 파산한다. 하지만 도둑이 중국인의 집에서 훔칠 경우 그는 동화 10,000개 이상을 가져갈 수 없으며, 이 금액은 10미트칼*mithkâl*의 금화(약 20프랑) 밖에 되지 않는다고 한다.

이 푸루스(동화)는 구리와 함께 녹인 다른 [금속]과 동을 섞어 제작했다. 이 합금으로 두드려 만든 이 동전들은 디르함 알−바그리 하나의 크기이다. 동전의 한 가운데는 넓은 구멍을 뚫려있는데 그 구멍으로 가는 끈을 끼워 [엽전을 동여매기] 했다. 1,000푸루스는 금 1 미트칼(약 2프랑)의 가치가 있다. 각 꾸러미는 실로 된 매듭으로 서로서로 분리한 약 10개로 나누어진 1,600푸루스였다. 부동산, 가구, 야채 또는 더 값비싼 것을 구매할 때면, 그 구매품의 가치와 동일한 양의 푸루스를 지불했다. 사람들은 [페르시아만의] 시라프에서 중국 동화를 볼 수 있고, 그 푸루스에는 중국 문자가 새겨져 있었다.

중국에서 일어난 화재들을 위해 집의 건축과 관련된 이 주제는 이미 말했던 것이지만 [여기에 아직 덧붙일 수 있다.] 사람들이 말하기를 도시들은 나무와 아랍에서 제조한 쪼갠 갈대로 만든 물건과 유사한 엮은 갈대로 만들어졌다. 사람들은 이 갈대 마루 위에 대마 씨로 만든 전형적인 중국 유약을 칠한 점토를 바른다. 이 유약은 우유만큼이나 하얗다. 이 유약을 칠한 벽들은 매우 반짝이게 된다. 중국집들은 [지면 바로 위에 건축되었기 때문에] 계단이 없다. [이 특징에 관한 설명은 다음과 같다], 중국인들은 소유한 모든 것, 그들이 모아둔 모든 것은 바퀴가 달린 금고 안에 넣어주는데 비상시에는 굴릴 수 있다. 만약 화재가 발생하면 사람들은 내용물과 함께 이 금고를 밀어내고 또 화재로부터 빨리 벗어나는데 방해물이 되는 계단도 없다.

환관들에 관해 말하자면 1권의 저자가 너무 간단하게 언급했지만, [다음과 같이 부언할 필요가 있다] 환관들은 국고의 다른 모든 소득과 세금을 징수하는 책임이 있다. 어떤 이들은 외국에서 중국으로 온 옛 포로들이 환관이 되었고, 다른 이들은 부모가 거세를 하여 왕에게 선물로 바쳐졌던 중국인들이었는데 왜냐하면 중국에서 환관들은 정부의 업무와 왕실 국고를 관리하는 특별한 임무가 있었기 때문이다. 그들 중 일부는 아랍 상인들이 방문하는 한푸로 보내지기도 했다. 환관과 도시의 관리들이 이동할 때, 그들은 [동방의 기독교도들이 기도할 때 사용하는] 크레셀crécelle과 유사한 나무로 된 악기를 든 사람들이 앞장서는데, 이 악기로 소리를 내면 멀리서도 그 소리를 들을 수 있었다. 환관이나 관리가 지나가는 길에는 아무도 없어야 한다. 만약 누군가가 자기 집의 문 앞에 있었다면 집 안으로 들어가야 하고 또 문도 닫아야 한다. 환관이나 도시의 행정 임무를 맡은 관리가 지나갈 때까지 그렇게 해야

한다. 주민들 중 그 누구도 [그 왕의 관리들이 통행하는 동안] 길에 머무를 엄두를 내지 못할 만큼 그들은 공포이자 두려움의 대상이다. 주민들은 관리들을 볼 수 있는 기회가 없고 또 말을 걸 수 있는 기회가 없도록 [그들이 지나가야 하는 그 길에 있는 주민들을 내쫓아버리는데 그래서 주민들은 그들을 자주 볼 수 있는 기회가 없고 또 주민들이 그들에게 말을 걸기 위해 다가가지 않는다].

환관들과 중국 장군들의 옷은 아랍 나라에 결코 수출한 적이 없는 최고 품질의 비단으로 만들어졌다. 중국인들은 [비단을 찾고] 또 비단은 중국에서 값이 엄청나게 비쌌다. 아주 주요한 상인들 중 한명이 전해준 의심할 수 없는 정보에 따르면 그는 모든 구매자들보다 먼저 왕이 원하는 아랍 수입품들을 고르고자 왕이 한푸 시로 보냈던 환관을 소개받았다고 했다. 상인은 그 환관의 가슴에 있는 점이 비단옷의 안쪽에서 비치는 것을 보았다. 상인은 환관이 옷 두벌을 껴입었다고 혼자 추측했다. 상인이 계속 상대를 쳐다보았기 때문에 환관은 그에게 "내 가슴을 계속 쳐다보는 것 같은데 왜 그러시오?"라고 말했다. 상인은 그에게 "두 겹의 옷감을 관통해 점이 보이는 것에 저는 놀라고 있습니다." 환관이 웃기 시작했다. 그러고 나서, 그는 자기 옷의 소매를 상인에게 보여주며 말하기를 "내가 입고 있는 옷의 개수를 맞추어 보시오"라고 했다. [상인이 옷의 수를 헤아려보니] 5개였고, 그 하나하나를 통해 점이 보였던 것이다. 문제가 된 [투명한] 비단은 압착하지 않은 생사였다. 왕들이 입는 비단은 최상의 품질이고 더없이 경탄할만하다.

알라 신의 모든 창조물 중에서 중국인들이 그림을 그리고 물건을 만드는데 가장 능숙한 재주를 보인다. 모든 종류의 작업에 있어 중국인 보다 더 잘하는 민족은 이 세상에 없다. 중국인은 다른 어떤 사람도 할 수 없는 것을 자신의 손으로 예술적인 작품을 만들어낸다. [중국인은 예술 작품을 제작하고 나면] 그것을 자신이 사는 도시의 관리에게 가져가서, 독창적인 작품을 실현시킨 것에 대한 증거를 제시하고, 그 재능에 대한 보상을 요구한다. 관리는 문제가 되는 작품을 자신의 관저 현관에 1년 동안 전시하라고 명령한다. 만약 1년의 전시기간 동안 결함을 발견하지 못하면 예술가는 관리로부터 보상을 받고 또 그 관리의 공식적인 예술가가 된다. 만약, 반대로 사람들이 예술작품에서 결함을 발견할 경우, 관리는 그 예술가를 멀리 쫓아버리고, 그에게 어떠한 보상도 하지 않는다. 어느 날 한 중국인이 비단 위에 한 마리의 참새가 앉아 있는 밀 이삭을 그렸다. [그 묘사가 너무 완벽해서] 그 누구도 이 그림에서 이삭과 참새가 실제가 아니라는 의심을 할 수 없었다. 이 그림은 한동안 전시되었고, 어느 날 그곳을 지나가던 한 꼽추가 그 그림을 비난하기 시작했다. 사람들은 그를 도시의 관리 집으로 들어오게 했고, 화가가 참석한 가운데

서 그의 비판을 정당화하게 했다. "그가 말하기를, 경험이 있는 모든 사람들은 참새가 밀 이삭 위에 앉으면 이삭의 줄기가 휘게 된다는 사실을 안다. 그런데도 화가는 참새가 그 위에 앉아 있음에도 이삭이 휘지 않고 똑 바로 서있게 그렸다. 따라서 그가 실수한 것이다." 그의 비판은 증명되었고 또 관리는 화가에게 어떠한 보상도 하지 않았다. 이러한 상황과 유사한 상황들 속에서 예술가들을 비판에 놓이게 하려는 중국인들의 목적은 실수를 경계하고 또 예술가들이 자신의 작품들을 만들 때 더 심사숙고하는 계기를 만들려고 하는 것이다.

바스라에서 [이슬람교의 전도시기에] 무하마드 예언자에게 거칠게 대립했던 하바르 빈 알−아스와드Habbâr bin al-Aswad의 후손인 이븐 와합이라고 불렸던 쿠라스Ḳuraš [메코이스mekkoise] 부족 출신의 남자가 있었다. [쟝의 족장이 회교기원 257년 = 서기 870년에 바스라를 폐허로 만들었을 때] 이븐 와합은 이 도시를 떠나 시라프로 갔다. 이 마지막 항구에서는 중국으로 가는 배가 있었다. 이븐 와합은 이 항차를 감행하려는 환상을 갖고 있었기에 그는 중국으로 가는 배에 승선했다. [중국에 도착한] 그는 이 나라의 위대한 왕을 알현하고자 결심했다. 그래서 그는 훔단에 갔다. 한푸라고 불리는 도시에서 출발하여 2개월의 여행 끝에 훔단에 도착했다. 그가 알현을 몇 번이나 요청했음에도 또 그가 아랍 예언자 가족의 일원이라고 밝혔음에도 그는 오랫동안 궁전 앞에서 기다려야 했다. 얼마 후, 중국 왕은 이븐 와합에게 기거할 숙소와 필요한 모든 것을 그에게 마련해주면서 환대를 하라는 명령을 내렸다. 동시에 왕은 한푸에서 자신을 대표하는 관리에게 편지를 적어 그에 관해 조사를 하고 또 아랍의 예언자 가족으로 자처하는 이 사람에 대해 상인들을 통해 정보를 얻게 했다니 −알라 신이여, 그에게 축복을 내리소서!−. 한푸의 관리는 이븐 와합과 아랍 예언자의 혈족 관계는 틀림없는 사실이라고 답장했다. 중국 왕은 마침내 알현을 윤허했고 또 그에게 귀중한 선물들은 주었다. 이븐 와합은 받은 선물과 함께 이라크로 귀국했다. 회교기원 303년 = 서기 915년, 마수디의 말에 따르면] 이 남자는 늙었음에도 매우 지혜가 있었다고 한다. 그가 중국의 왕을 알현했을 때, 왕은 그에게 아랍인들에 대한 질문을 했고 또 그들이 어떻게 페르시아의 왕을 몰락 시켰는지 그에게 물었다고 했다. 이븐 와합이 대답하기를 "알라 신의 전지전능한 힘과 그의 은혜로 인해 그리고 페르시아인이 알라를 숭배하는 대신 불과 태양 그리고 달을 숭배했기 때문입니다"고 했다. 그러자 왕이 말하기를 "아랍인들은 그렇게 더없이 잘 경작되고 풍요로우며, 가장 부유하고, 현명한 사람들이 많아 그 명성이 멀리까지 자자했던 가장 강력한 왕국을 정복했다." 그러고 나서, 왕은 "당신들은 [지상의] 왕들을 어떻게 분류하는가?"라고 물었다. 아랍인은 "그 주제에 관해 저는 전혀 모르겠습니다."라고 대답했다. 왕은 통역사에게 말하기를 "이븐 와합에게 전해라. 우리 중국인들은 5명의 왕으로 구분한다. 가장 부유한 왕국을 소유한 왕은 이라크 왕인데 왜냐하면 이라크는 세상의 중앙에 있고 또 다른 왕국들이 이라크를 둘러싸고 있기 때문이다. 중국에서는 이라크 왕을 "왕 중의 왕"이라는 이름으로 지칭한다. 그다음에는 "인간들의 왕"이라는 이름으로 지칭되는 중국의 왕인데 왜냐하면 그 누구보다 평화의 기초를 잘 세운 왕이고 또 우리는 우리 왕국 내에서 만들지 못했던 그 질서를 누구보다 잘 유지하는 왕이기에 신하들은 우리의 왕들보다 그들의 왕에게 더욱 복종한다. 그러한 이유로 중국의 왕을 "인간들의 왕"이라고 한다. 그다음은 "야생의 왕"이다. 투르크족의 왕으로서 우리들의 이웃(토구즈-오구즈)이다. 그다음은 "코끼리의 왕"

으로 말하자면 인도의 왕이다. 중국에서는 "지혜의 왕"이라고도 하는데 왜냐하면 지혜는 인도에서 유래했기 때문이다. 마지막으로 우리가 "아름다운 사람들의 왕(rex virorum)"이라고 부르는 룸(비잔틴)의 왕인데 왜냐하면 지상에 비잔틴 사람들만큼 멋진 풍채와 더 없이 멋진 얼굴을 한 민족이 없기 때문이다. 이것이 지상의 주요 왕들이다. 다른 왕들은 그들과 비교 할 바가 전혀 못 된다."

　　그리고 나서, 왕이 통역사에게 말하길 "만약 그의 주인을 본다면 알아볼 수 있는지 이븐 와합에게 물어 보아라." 왕은 알라의 예언자에 관

해 말하고자 했는데 −알라 신이여 그에게 자비를 베푸소서!− 내가 그에게 대답하기를 "제가 어떻게 그를 볼 수 있겠습니까, 그는 지금 전지전능하고 강한 알라 신 옆에 있습니다." 왕이 다시 말하기를 "내가 말하고자 하는 것은 그게 아니라, 그의 초상화에 관해 말하고 있다." 이븐 와합은 그럴 수 있다고 대답했다. 왕은 곧 상자 하나를 갖고 오게 했다. 사람들은 그 상자를 열어 아랍인 앞에 펼쳤다. 그리고 왕은 통역사에게 "그에게 그의 주인을 보여주라."고 말했다. 그래서 나는 종이 두루마리에 예언자들이 [그려진] 그림을 보았고 또 나는 입술을 열어 그들에게 기도했다. 왕은 내가 예언자들을 알아보았다는 것을 인지 못하고, 통역관에게 다음과 같이 말했다. "왜 입술을 움직였는지 이븐 와합에게 물어 보아라." 통역관이 통역을 했고 나는 대답했다. "저는 예언자들을 위해 기도했습니다." 왕은 "당신은 어떻게 그들을 아는가?"라고 다시 물었다. 내가 대답하기를 "저는 그림에서 볼 수 있는 그들 각자의 특징으로 아는데, 여기 방주 안에 있는 노아는 전지전능한 알라 신이 모든 대지와 그곳에 살고 있던 모든 것들을 잠기게 하라고 물에게 명령했을 때, 그는 가족들과 함께 목숨을 구했습니다. 알라 신은 노아와 그 가족만을 죽음에서 구해주었습니다."라고 했다. 왕은 웃기 시작했다. 그러고 나서, 그는 "[이 그림에 있는] 노아에 관하여 그의 이름을 걸고 너는 진실을 말했다. 하지만 모든 대지를 물에 잠기게 한 대홍수에 관해서 말하자면 우리는 결코 그런 일을 겪은 적이 없다"라고 말했다. "대홍수는 단지 육지의 일부에서만 일어났을 뿐이고, 중국이나 인도에서는 그런 홍수가 없었다"라고 말했다. 이븐 와합이 [나에게] 말하길 "나는 중국 왕에게 반박하고 또 내가 가치를 두고 논쟁할 용기가 없었는데 왜냐하면 그가 나에게 허락하지 않을 것이기 때문이었다." [그래서 나는 그림들을 계속 검토했고] 그리고 나는 "여기에 지팡이를 짚고 있는 모세와 이스라엘인들이 있습니다."라고 말했다. 왕이 말하기를 "그렇다. [하지만 모세는] 한 작은 나라의 지도자일 뿐이고 또 그의 백성들은 그에게 반기를 들었다." 내가 계속하기를 "여기에 당나귀를 타고 자신의 사도들과 함께 있는 예수가 있습니다." 왕이 말하기를 "그는 오래 유지되지 못했다. 왜냐하면 그의 권력은 약 30개월을 조금 넘겼을 뿐이다."라고 말했다. 이븐 와합은 [사람들이 그에게 보여주는 그림에서] 다른 예언자들의 특징을 열거했지만 그가 말했던 것들 중 일부만 전하기로 한다. 그는 예언자들의 각 초상화에 [중국 문자로 된] 긴 설명을 보았다 것, 그가 추정하기를 예언자의 이름과 어떤 사건이 발생한 나라의 지역 그리고 예언자적 사명에 대한 동기에 관해 적을 것이라고 주장했다. 이븐 와합은 그러고 나서, 다음과 같이 말했다. "이후, 나는 예언자의 그림을 볼 수 있었다. 알라 신의 은총과 가호가 있기를! 그는 낙타를 타고 있었고 또 동행자들도 역시 낙타를 타고 그를 둘러싸고 있었다. 그들은 아랍인의 신발을 신고 있었으며, 허리띠에는 [아랍] 칼을 차고 있었다. 나는 그래서 울기 시작했다." 왕은 통역관을 통해 내가 왜 우는지 물었고, 나는 대답했다. "여기에 우리의 예언자, 우리의 주인이 있는데 그는 내 삼촌의 아들이자 나의 사촌입니다. [왜냐하면 우리 둘 다 쿠라이치트Kuraychites 부족 출신이기 때문입니다.] -그에게 평화가 있기를!-", "그것이 사실이다"라며 왕이 말을 이었다. 당신의 예언자와 그의 백성은 가장 강력한 왕국을 만들었다. 하지만 예언자는 자신이 만든 [왕국의 발전을] 직접 볼 수 없었고, 단지 그의 계승자들만 보게 되었다. 그다음에도 다른 많은 예언자들의 그림을 나는 보았다. 그 중 몇몇은 엄지와 검지를 꼭 붙여 든 그 제스처를 통해 [자신들의 맹세에 대한]

진실을 [표현하려는 듯]했다. 다른 예언자들은 그들의 손가락으로 하늘을 가르치면서 서 있었다. 다른 그림들도 있었지만 통역관은 나에게 그 그림들은 중국과 인도의 예언자들이라고 말했다. 왕은 나에게 아랍의 칼리프와 그들의 외모에 관한 정보를 요청했다. 그리고 나서, 그는 나에게 이슬람 종교의 교리와 그들의 용품에 관해 많은 질문을 했고, 내가 대답할 수 있는 범위 내에서 [또 나는 대답을 했다]. 그리고 나서, 그는 "당신이 생각하기에 지구의 나이는 얼마나 되는 것 같소?" 내가 대답하기를 "그 점에 관해서는 다양한 견해가 있어, 어떤 사람들은 6,000년이라고 하고, 다른 사람들은 또 그만큼 오래되지 않았다고도 합니다. 하지만 또 어떤 사람들은 그보다 더 오래되었다고도 합니다. 하지만 이런 다양함은 무시할 수 있습니다." [이 대답에] 왕은 크게 웃었다. 서 있으며 대화를 들었던 그의 대신도 내가 방금 말했던 견해에 대해 동의하지 않는다고 했다. 그리고 나서, 왕은 "나는 당신의 예언자가 그런 [어리석은] 말을 했다고는 생각하지 않소."라고 말했다. 나는 "네, 우리 예언자는 그렇게 말했습니다."라고 대답하는 과오를 범했다. 그래서 나는 왕의 얼굴에서 난색의 표정을 읽었고, 그가 통역관을 통해 말하기를 "당신의 말에 대해 숙고하시오. 사람들이 왕에게 말을 할 때는 분별이 있는 말만 해야 한다. 너는 모슬렘인들이 이 주제에 대해 동의하지 않는다고 단언했다. 이것은 결국 당신들은 예언자가 말한 것에 대해 동의하지 않는다는 뜻이 된다. 예언자들이 말한 것에 대해 반대하지 않아야 하고 또 모든 이들이 그렇게 해야 한다. 이 점에 주의하고 또 더 이상 이런 유사한 말을 하지 마라." 왕은 그 외에도 많은 말을 했지만 그 대화가 있은 이후로 시간이 많이 흘렀기 때문에 나는 잊어버렸다. 그는 나에게 "왜 너는 [중국까지 와서] 너의 왕과 멀리 떨어져 있는가? 너는

[나의 왕궁 보다] 그의 왕궁에 더 가까이 살았고 또 너의 거주지와 [나와는 다른] 출생지이기에 그와 훨씬 가까울 것이다." 이 점에 대해 나는 [쟝의 사람들에 의해 도시가 파괴되었을 때] 바스라에서 어떤 일이 있었는지 이야기를 들려주며 대답했다. "[이러한 상황에서 내가 말하길], 저는 시라프를 향해 서둘러 떠났고 그곳에서 중국으로 막 떠나려는 배를 보게 되었습니다. 나는 중국의 눈부신 왕국에 관하여 그리고 그곳에서는 볼 수 있는 모든 종류의 진귀한 것들이 풍부하게 있다는 것에 관해서도 이미 들은 바가 있었습니다. 그런 사정들로 인해 내가 그를 보러 올 수 있었다는 것에 그는 한없이 좋아했다. [지금], 저는 중국을 떠나서 또 내 삼촌의 아들인 [아랍인들의] 왕 곁으로, 저의 나라로 되돌아 갈 것입니다. 저는 왕에게 내가 보았던 것과 제가 보증할 수 있는 것들, 예컨대 왕의 권위, 왕국의 거대함 그리고 제가 누렸고 또 제게 베풀어주신 모든 호의에 관해 말할 것입니다." 나의 이야기는 왕을 기쁘게 했다. 그는 멋진 선물을 주었고 또 왕실 역참의 노새들을 이용해 한푸까지 나를 배웅하라고 명령했다. 그는 한푸의 관리에게 나를 잘 대우하고, 또 내가 떠나는 순간까지 내 편의를 봐주라고 지방의 다른 모든 관리들에게도 편지를 보냈다. 나는 그렇게 풍족하게 먹고 또 중국에서 떠나는 날까지 안락하게 지냈다.

우리는 이븐 와합에게 왕이 살고 있는 훔단 도시에 관한 정보를 물었고, 또 우리에게 묘사해 달라고 [우리는 그에게 부탁했다]. 그는 도시의 규모가 매우 크고 또 사람들이 많다고 했다. 그 도시는 길고 또 넓은 길에 의해 분리된 두 지역으로 나누어져 있었다. 왕과 그의 대신, 그의 병사들, 법무대신, 왕의 환관들 그리고 모든 재화들은 동쪽 편에 있는 오른쪽 지역에 있었다. 주민들은 서로 섞이지 않았고 또 시장도 없었다. 긴 길에는 모두 개울이 흐르고 있었다. 길들은 예술적으로 조경된 나무들과 넓은 집들이 둘러싸여 있었다. 서쪽 편에 있는 도시 왼쪽은 주민, 상인, 상인의 창고 그리고 시장들이 있었다. 새벽부터 사람들은 왕의 집사들, 관리들 그리고 왕궁의 노예들, 장군들의 노예들 그리고 그들의 대리인들이 걷거나 말을 타고 시장들과 상점들이 있는 그 지역에 왔다. 그들은 그곳에서 식량과 그들에게 필요한 생필품을 구입하였다. 그리고 나서, 그들은 사라졌고, 다음날까지 아무도 볼 수 없었다.

중국에서는 온갖 매력과 강을 가로지르는 멋진 숲들이 있다. 하지만 야자수는 없다.

우리는 지금, 앞에서 언급하지 않았던 한 사건(서기 916년 경)에 대해 말하고자 하는데 다음과 같다. 중국과 인도의 바다가 시리아 바다(동부 지중해)와 통한다는 사실을 누구도 알지 못했다. 현재까지도 이와 유사한 생각을 전혀 하지 못했다. 그런데 룸의 바다(동부 지중해)에서 [못을 박지 않고, 한꺼번에] 꿰맨 아랍 배에서 나온 나무 조각들을 발견했다는 것을 알게 되었다. 이 배들은 [난파했고 또] 여러 조각으로 부서졌다. 선상에 있었던 사람들은 죽었고, 파도가 그 배들을 산산조각 내고, 또 바다는 바람에 떠밀려 하자르의 바다Mer des Ḥazars(카스피해)로 그 잔해들을 떠밀었다. 그곳에서부터, [그 잔해들은] 룸 바다(마르마라 해Marmara)의 만에 도착했는데 그곳에서 잔해들은 룸 바다와 시리아 바다(동부 지중해)에 이르게 된다. 이것은 바다가 중국, 고려, 투르크족과 하자르의 후배지(後背地)를 돌고나서, [콘스탄티노플] 만으로 흘러들고 또 그렇게 시리아 해와 통한다는 것을 보여준다. 한꺼번에 꿰맨 나무 조각들로 건조한 배의 형태는 시라프 선박 기술자들의 특징이다. 시리아와 룸(비잔틴)의 선박 기술자들은 반대로 그 같은 조각들을 못질하지만 절대로 서로 짜 맞추지는 않았다. [그래서 우리가 한꺼번에 꿰맨 나무 조각들이 시리아 바다에서 발견된 것에 대한 합리적으로 결론을 내리자면 이 잔해들은 시라프에서 건조된 배에서 나와 인도양에서부터 동지중해에 도착했기 때문에 조금 전 말했던 것처럼 인도와 중국해, 카스피해, 마르마르해 그리고 동부 지중해는 서로서로 연결되어 있다].

우리는 또한 시리아 바다에서 용연향을 발견했다는 것을 알게 되었다. 이 사실은 받아들이기 어렵고 또 이전에도 유사한 일을 있었다는 것을 전혀 몰랐다. 이 주제에 관해 말했던 것을 믿기에는 어려움이 있다. 이것이 사실이 되려면, 용연향이 아덴 바다(홍해)와 쿨줌 바다(수에즈 만)를 통해야만 시리아 바다에 도달할 수 있다는 것인데 왜냐하면 이 바다(홍해)는 용연향이 있는 바다들(인도양)과 통하기 때문이다. 하지만 전지전능한 알라신은 [코란, 27장, 62절에서] "나는 이 두 바다(홍해와 지중해) 사이에 장벽(수에즈 협곡)을 놓았다"라고 말했다. 만약 사람들이 나에게 말했던 것이 사실이라면 [용연향은] 파도에 떠밀려 인도의 바다로부터 다른 바다로 이리저리 떠돌다 시리아의 바다에까지 도착했다고 [결론을 내려야한다].

자와가 도시에 관한 설명 〜〜〜〜〜〜

    우리는 [본장에서] 자와가(자바) 도시의 역사부터 살펴 볼 것인 즉, 왜냐하면 이 도시가 중국의 맞은편에 있기 때문이다. 중국과 자와가 사이의 거리는 뱃길로 한 달이 걸리지만, 항해하기에 좋은 바람이 불면 한 달도 채 걸리지 않는다.

    이 도시의 왕은 [산스크리트] 칭호로 마하라자maharaja (대왕)으로 알려져 있다. [수도인 이 도시의] 면적은 900파라상즈 [제곱미터]이라고 한다. 이 왕은 1,000파라상즈의 거리 혹은 그 보다도 더 멀리 떨어져 있는 수많은 큰 섬들의 군주이기도 하다.

    그가 군림하고 있는 나라들 중에서 스리부자Sribuza라고 불리는 섬은 면적이 400파라상즈(평방)이고, 또 라미Râmî라고 불리는 섬은 800파라상즈(평방)이다. 라미 섬에는 브라질 숲과 녹나무 그리고 여러 수종의 농장이 있었다. 또한 마하라자의 소유인 칼라(혹은 크라, 말레이시아 반도의 동부 해안)의 해양 국가는 중국과 아라비아 사이의 중간에 있다. 사람들의 말에 의하면 칼라의 나라의 면적은 80파라방(평방)이라고 한다. 칼라 도시는 알로에 무역과 장뇌, 상아, 주석, 흑단, 브라질 숲, 모든 종류의 양념과 향신료 그리고 세세하게 언급하기에는 너무도 다양한 교역품들이 모이는 시장이다. (10세기 초) 현재, 바로 이 항

구에서 오만의 선박들이 입항하
고 또 이 항구에서 배들이 오만
으로 출항한다.

마하라자의 권력은 이 섬들
에도 영향을 미쳤다. 그가 살았
던 자기 소유의 섬은 토양이 더
없이 비옥했고 또 인구밀도가
높은 지역이 끊임없이 이어졌
다. 믿을 수 있는 한 증인의 말
에 의하면 이 나라의 수탉들이
새벽에 울기 시작하면 아라비
아 반도에서도 그러하듯, 수탉
들은 [그 나라의 면적에 이르는]
100파라상즈 혹은 그보다 더 멀
리서 서로서로의 울음에 화답을

한다고 했다. [이러한 이유는] 마을 들이 서로 인접해 있고 또 끊임없이
이어져 있기 때문이며 또한 사막이나 폐허도 없기 때문이다. 도보나 말
을 타고 이 나라를 여행하는 자는 자신이 원하는 곳으로 갈 수 있다. 만
약 그가 따분하다거나 탄 말이 지치게 되면 언제든지 원하는 곳에 내릴
수 있고 [그곳에서 언제든지 숙소를 구할 수 있다].

우리가 알게 된 놀라운 이야기들 중에는 자와가라고 불리는 섬의
전통에 관한 것으로 [나는 지금부터 그 이야기를 하고자 한다]. 마하라
자라는 이름을 가진 이 섬의 옛 왕은 바다와 접하는 타라그*Talâg*의 맞
은편에 있는 성을 소유하고 있었다. 타라그는 티그리스 강과 바그다드

강 그리고 바스라 강의 하구처럼 하구를 지칭하는데 그곳에는 파도와 함께 바닷물이 들어오고 또 간조 때는 물결이 잔잔하다. 이 하구에서부터 왕의 궁전이 인접한 곳까지 작은 호수가 만들어져 있었다. 아침마다 집사는 왕을 알현하였고 또 나로서는 정확히 알 수 없지만 몇몇 만mann 쯤 되는 중량의 벽돌형태로 된 금괴를 왕에게 가져왔고, 그리고 왕이 보는 앞에서 집사는 그 금괴를 호수에 던졌다. 만조 때, 물은 완전히 그 금괴와 하구에 이미 던져진 같은 금괴들을 완전히 덮고 있었지만, 간조 때, 물결이 밀려나가면 금괴들은 다시 나타났고 또 태양 빛에 반짝였다. 왕은 호수가 굽어보이는 큰 방에 앉아서 금괴들을 살펴보았다. 이 습관은 변함없이 유지되었고, 하루에 한 개의 금괴가 그 호수 속에 던져졌다. 왕이 살아있는 한, 그 누구도 금괴에 손을 댈 수 없었다. 그가 죽자, 그의 계승자가 하나도 남김없이 모든 금괴들을 호수에서 끄집어 내었다. 그리고 금괴의 개수를 세고 또 그 금괴들을 녹였다. 그러고 나서, [일정의 수량을] 왕실의 구성원들, 남자들, 여자들 그리고 아이들에게도 나누어 주었고, 장군들, 왕실의 노예들 등은 지위와 특권을 참작하여 받았다. 남은 것은 가난한 사람들과 불행한 사람들에게 나누어주었다. 그러고 나서, 사람들은 공식적으로 금괴들의 수와 그 무게를 기록했다. [이 사건을 기록한 보고서에는] 어떤 왕이, 어느 시기에, 몇 년 동안 나라를 통치했고, 그의 사후에 얼마나 많은 금괴를 호수에 남겨놓았고 또 그 금괴들을 왕자들과 왕의 관리들이 나누어가졌다고 언급되어 있다. 자가와 사람들에게는 통치 기간이 길고 또 유산으로 더 많은 금괴를 남기는 것이 왕으로서의 영광이었다.

자가와 나라의 연대기에 따르면 예전에 크메르Khmèr 왕이 있었다 [그에 관해서는 차후 언급 됨]. 크메르(옛 캄보디아)는 크메르 알로에

(캄보디아 알로에)를 수출하는 나라였다. 이 나라는 섬이 아니지만 아랍 나라들과 국경을 접한 [아시아 대륙의] 지역에 [위치하고 있었다] (원문대로). 크메르 나라보다 더 많은 인구를 가진 왕국은 없었다. 모든 크메르인들은 걸어 다녔다. 폭음과 모든 발효된 음료는 그들에게 금지되었기 때문에 도시와 왕국 내에서 폭음이나 발효된 음료를 마시는 사람을 단 한명도 볼 수 없을 것이다. 크메르는 마하라자 왕국 즉, 자와가(자바)라고 불리는 섬과 같은 경도에 위치하고 있었다. 이 두 나라 사이의 거리는 북-남쪽 혹은 역방향으로 갈 경우, 바다 [항로]로 10~20일, [바람이 좋을 경우는 10일] 그리고 일반적인 바람일 경우는 20일 정도 걸린다.

사람들이 말하기를, 옛날에 권력에 집착했던 한 크메르 왕이 있었다고 한다. 그는 젊고 또 행동이 급했다. 어느 날, 그는 이라크의 티그리스 강과 유사하게 물결이 잔잔히 흐르는 강이 내려다보이는 자신의 왕궁에 앉아 있었고, -왕궁과 바다의 거리는 [강을 통해] 하루가 걸리는 거리- 왕 앞에는 대신이 있었다. 그는 대신과 대화를 나누었고, 주제는 마하라자 왕국과 그가 던진 반짝이는 금과 그의 많은 백성, 그가 지배하는 많은 섬들에 관한 것이었다. 이때, "나는 충족시키고 싶은 욕망이 있어 [라고 왕이 말했다]." 자신의 군주에게 진정으로 충성스러웠던 대신이자 또 왕이 결정을 내리는데 즉흥적이라는 것도 알고 있었기에 때문에 그에게 물었다. "폐하, 그 욕망이 무엇이지요?" 왕이 말하기를 "내 앞에 있는 쟁반에 자와가 왕인 마하라자 머리가 얹히는 것을 보고 싶다." 대신은 자신의 군주가 이러한 생각을 하게 된 배경이 질투라는 것을 알고 왕에게 다음과 같이 대답했다. "전하, 그런 욕망을 표명하는 것을 저로서는 좋아할 수 가 없습니다. 크메르와 자와가 주민들은 어떤 말이나 행동으로도 서로에게 증오를 표명했던 적이 결코 없었습니다. 자와가는 우리에게 결코 나쁜 짓을 하지 않았습니다. 자와가는 멀리 떨어져 있는 섬으로 우리와 이웃한 곳이 아닙니다. [그 정부는] 크메르를 지배하고자 했던 욕망을 드러낸 적이 한 번도 없습니다. 그리고 누구든 방금 왕이 말했던 것을 알고 있어서는 안 되고 또 다시는 그런 말씀을 하시면 안 됩니다." 크메르 왕은 [대신에게] 화를 냈고 또 현인이자 충성스런 조언자가 해주는 견해를 듣지 않았으며 또한 그는 참석한 장군들과 왕실의 사람들에게도 이 말을 했다. 이 말은 입에서 입으로 전해지고, 입소문을 타고 마하라자 왕의 귀에까지 들어가게 되었다. 마하라자 왕은 정력적이고 활동적이며 또한 노련한 군주로서 중년의 나이에 있었다. 그는 대신을 불러, 자신이 들었던 소문을 말해주고 나서 다음과 같이 말했다. "그 미친 [크메르 왕]이 대중 앞에서 한 말에 따르면 그가 자기 앞에 놓인 [쟁반에 놓인 내 머리를] 보고 싶다고 말한 것은 그가 젊고 경박하기 때문이고, 그가 발설한 말에 대해 내가 본때를 보여 줘야겠다. [그의 모욕적인 말을 무시하는 것은] 내 스스로 잘못을 인정하는 것이자 나를 깎아내리는 것이며 또 그에게 굴복하는 것이자 또 나를 위축시키는 것이다." 왕은 자신의 대신에게 방금 나누었던 대화를 비밀에 부치게 하고 또 중급 규모의 함선 1,000척을 준비하여, 각각의 배에 가능한 한 많이 무기와 용맹한 병사들을 승선하게 했다. [이 무장의 이유에 대한 설명하기 위해] 그는 자기 왕국의 섬들을 둘러보는 것이라고 공식적으로 표명했고 또 그는 자신에게 종속된 그 섬들의 지배자들에게는 관광 목적으로 곧 섬에 방문할 것이라고 편지를 보냈다. 이 소식은 널리 퍼졌고 각 섬의 지배자들은 예의를 갖추어 마하라자 왕을 맞이하고자 준비를 했다.

왕의 명령이 실행되고 또 준비가 끝나자 그는 그의 선단과 그의 병사들과 함께 승선하였고 또 크메르 왕국을 향해 출항했다. 왕과 일행들은 총검을 사용하여, 그들 각자 하루에 몇 번씩 훈련을 했다. 각자 무기를 항상 휴대하거나 자신의 하인에게 무기의 관리도 맡겼다.

　크메르 왕은 마하라자 왕이 수도 가까이에 있는 강을 점령하고 또 그가 군대를 진격시켰을 때야 낌새를 알아차렸다. 마하라자 왕의 군대는 수도를 단숨에 포위하였고 또 왕을 포로로 잡았으며 또한 왕궁마저 점령하였다. 크메르 군인들은 적군이 오자 도망쳤다. 마하라자 왕은 공공 소리꾼을 통해 모든 주민들의 안전을 보장할 것이라고 전했다. 그러고 나서, 마하라자 왕은 이미 옥에 가둔 크메르 왕의 왕좌에 앉아서, 대신과 함께 크메르 왕을 출두하게 했다. 그는 크메르 왕에게 너는 무엇 때문에 "누가 너에게, 널 만족을 시킬 수도 없을뿐더러 만약 실현되었다하더라도 네게 행복을 주지 않고 또 설령 쉽게 실현되었다하더라도 정당화되지 않을 그 욕망을 표명하게 했느냐?"라고 말했다. [크메르 왕은] 대답이 없었다. 마하라자 왕이 다시 말하기를 "너는 네 앞에 있는 쟁반 위에 얹힌 내 머리를 보고 싶다고 표명했다. 하지만 만약 네가 내 나라와 내 왕국을 점령하거나 혹은 단지 한 지역이라도 유린하기를 원했더라면 나도 크메르에 똑같이 했을 것이다. 하지만 단지 그것들 중 하나의 소원만 표명했기 때문에 나는 네가 나에게 하고자 했던 일을 실행할 것이고, 이후에 나는 가치가 있든 없든 상관없이 크메르에서 아무것도 탈취하지 않고 바로 내 나라로 되돌아갈 것이다. 나의 승리는 너의 후계자들에게 [좋은 교훈을] 줄 것인 즉, 누구라도 자신의 힘보다 과한 행동을 감행하거나 또 주어진 운명 보다 더 많은 것을 원해서도 안되며, 무탈할 때가 행복임을 알고 누려야할 것이다." 그러고 나서, 그는 크메르 왕의 목을 베었다. 그리고 마하라자 왕은 크메르 대신에게 다가가서 말하기를 "[현명한] 대신으로 행동[하려 노력했던] 너에게 나는 사례를 하려고 한다. 왜냐하면 나는 네가 너의 군주에게 지혜롭게 조언을 했다는 사실을 잘 알고 있기 때문이고 반면, 너의 조언을 듣지 않은 [그에게는 정말 애석한 일이지만]. 이제 네가 그 미친 왕 다음에 오를 수 있는 현명한 왕을 물색하여 왕좌에 앉혀라."

마하라자 왕은 자신이나 자신의 수행원들에게도 크메르의 어떠한 것도 취하지 않게 하고 즉시 자기의 나라로 되돌아갔다. 그가 자신의 왕국에 도착했을 때, 그는 [금괴들이 잠겨있는] 호수가 굽어보이는 자신의 왕좌에 앉았고, 크메르 왕의 머리가 얹힌 쟁반을 앞에 가져오게 했다. 그러고 나서, 그는 자기 왕국의 고위 관리들을 소집했고 또 크메르 왕에 대한 원정을 감행했던 동기와 그 동안의 일에 대해 말했다. [그 이야기를 경청하면서] 자와가 인들은 자신의 왕을 위해 기도하고 또 모

든 행운을 빌었다. 그러고 나서, 마하라자 왕은 크메르 왕의 머리를 세척하고 또 방부처리를 하게 했다. 그러고 나서, 머리를 항아리에 넣고, 참수된 크메르 왕의 자리를 계승한 왕에게 보냈다.

마하라자 왕은 동시에 다음과 같은 내용이 담긴 편지를 동봉했다. "우리에게 증오를 표명했던 너의 선임 왕에게 나는 그렇게 행동할 수밖에 없었고 또 그를 따르려고 하는 자들에게 [교훈을 주기 위해] 나는 그를 참수했다. 그가 우리에게 행하려고 했던 일을 우리가 집행한 것이다. 우리가 당신에게 그의 머리를 되돌려 보내는 것이 적절하다고 판단

한 이유는 그의 머리를 여기에 압류할 필요가 없기 때문이다. 그에게서 획득했던 승리에 대해 우리는 결코 자랑으로 여기지 않을 것이다." [이 사건의] 소식이 인도와 중국의 왕에게 전달되었을 때, 그들의 눈에는 마하라자 왕이 위대하게 보였다. 그때부터 크메르 왕들은 아침에 일어나면 항상 자가와(자바) 나라를 향해 얼굴을 돌려 머리를 깊이 숙여 인사하고 또 마하라자 왕에 대한 경의를 표하면서 겸허한 마음을 가졌다.

인도와 중국의 다른 왕들은 윤회를 믿었다. 이것은 그들의 종교적 신조 중 하나이다. 신뢰할 수 있는 자의 말에 의하면 왕들 중 한명이 천연두에 걸렸다고 한다. 그가 이 병에서 완쾌되었을 때, 그는 거울을 보았고 또 자신의 흉측한 얼굴을 보게 되었다. 그가 조카를 보고, 그에게 말하기를 "내 운명의 주인은 이전의 나에서 완전히 바뀐 그 육체 속에 남아있을 수 없다. 육체는 영혼의 집합소이다. 영혼이 육체를 떠나게 되면, 그 영혼은 다른 육체 속에서 새롭게 강생한다. 왕국의 지휘를 따르라. 나는 내 영혼이 다른 육체 속으로 갈 수 있게 내 육체와 영혼을 분리할 것이다." 그러고 나서, 그는 날카롭고 또 날이 선 비수를 가져오게 했고 또 그는 그 비수로 자신의 목을 베라고 명령했다. 그러고 나서, 사람들은 그 육체를 불태우게 했다.

중국에 관한 정보 속편 ——
중국에서 발생했던 몇몇 사건에 관한 설명

당시(10세기 초에) 일어났던 [[유감스러운] 이전의 변화는 사건들을 해결하기 위한 정부의 적극적인 배려로 인해, 중국인들은 전례를 찾아볼 수 없는 [질서와 평화의] 상태에 놓였다.

호라산Horâsân의 한 남자는 이라크에서 많은 상품을 구매하고 나서, 중국으로 가는 배를 탔다. 그는 지독한 구두쇠였다. −아랍 상인들이 드나드는 도시− 한푸에서 왕이 보낸 환관과 호라산의 상인 사이에서 왕이 요구했던 바다를 건어 온 상품의 선택에 있어 견해가 맞지 않았다. 그 환관은 왕실의 주요 공직자 중 한명이었으며, 바로 그가 왕의 보물과 재산을 관리하였다. 환관과 상인들의 불화는 상아와 다른 수입품의 구매에서 갈등을 일으켰고, 상인은 제시한 가격을 올리지 않는다면 팔지 않겠다고 했다. 환관은 그런 [상인의 항의를] 무시하고, 상인이 가져 온 상품들 중에 제일 나은 것들을 [강제로] 빼앗았다. 호라산 상인은 변장을 하고 [한푸에서] 출발해 [한푸에서 도보로] 두 달 혹은 더 걸릴 수도 있는 중국 왕이 사는 수도인 한담으로 갔다. [앞서 언급한 1권의 58쪽에서] 이야기했던 그 줄을 찾아 떠났다. 줄을 사용하기 위해서는 [줄을 당기는 자]가 황제 [머리 위]에 있는 종을 울리고 [그에게 알현을 요구하는

것]으로 [수도에서] 열흘이나 걸리는 일종의 유배지 같은 곳에 안내된
다. 그곳에서 그는 두 달 동안 감금된다. 그러고 나서, 지방 관리가 그를
데려와서는 다음과 같이 말했다. "너는 존엄한 왕을 불렀기 때문에 만약
너의 항의를 소명하지 못하면, 너는 파산되고 또 피를 흘리는 위험에 직
면하게 된다. 왕은 너와 다른 상인들이 상주하고 있는 [도시, 한푸에],
대신들과 [당신의 고소에 응답할] 관리들을 [임명했기 때문에 만약 네가
그들에게 항의를 했다면 그들이 너에게 정당한 판결을 내리는데 소홀
하지 않았을 것이다. 네가 알아야 할 것은 왕과의 알현을 끝내 고집했
기 때문에 만약 너의 고소가 이러한 절차를 정당화하지 못하면 너는 사
형에 처해진다는 것이다. [사형은 왕에게 직접 전달된 청원이 정당화되
지 않은 경우에 집행되는데 이는 다른 사람이 너를 따라서 방약무인하
지 못하게 하려는 것이다. 그러니 고소를 취하하고 네 사업을 하러 가거
라." 어떤 사람이 고소를 취하했을 때, 그는 곤장 50대를 맞고 원래 사
는 곳으로 되돌아 갈 수 있다. 하지만 반대로 고소인이 왕과의 알현 요
구를 주장하면 그는 왕에게로 인도된다. 호라산의 상인은 절차를 따랐
다. 그는 고소를 유지했고 또 통행증을 요구했다. 사람들은 그를 데리고
갔고 또 그는 [알현할] 왕에게 도착했다. 왕실 통역관은 그에게 이 사건
의 진상에 대해 질문했고, 상인은 [한푸의] 환관과 무슨 일이 있었으며
또 그가 어떻게 상품들을 강탈했는지 이야기했다. 이 사건의 내용은 한
푸에서 널리 퍼졌고 또 모든 사람들이 알고 있다고 [그는 덧붙였다]. 왕
은 호라산 상인을 감옥에 가두고 또 식사로 그가 원하는 모든 것은 제공
하라고 명령했다. 그러고 나서, 왕은 대신에게 상인의 고소와 관련된 조
사와 진실을 밝히기 위해 한푸의 황실 관리에게 서신을 보내 명령했다.
동일한 명령이 우측, 좌측, 중앙의 각 장군들에게 내려졌다. −대신의

다음 서열인 이 세 사람들은 황실군대를 통솔했다. 바로 이들에게 왕은 자신의 경호를 맡기고 있었다. 왕이 원정을 가거나 다른 상황에서도, 그들은 왕을 호위하고 또 그들은 각자 [자신의 호칭이 가리키는] 그 자리를 지킨다. – 이 세 인물들은 각자 [자신들의 명령에 따르는 관리들에게 동일한 목적 하에] 서신을 발송하였다.

조사의 과정에서 수집된 모든 정보들은 호라산의 상인이 진실을 말했다는 것을 보여주었다. 이런 내용을 담은 정보들은 도처에서 차례차례로 왕에게 전달되었다. 왕은 마침내 환관을 불러들였다. 그가 도착하자마자 사람들은 그의 재산을 몰수했고 또 그는 황실 회계 관리자에서 면직되었다. 왕은 그에게 "당연히 너를 사형시켜야 할 것인 즉, 왜냐하면 아랍의 나라에 방문했고, 인도를 거쳐 마침내 중국까지 온 –내 왕국의 국경에 있는– 호라산에서 온 남자에 의해 너는 [나쁜 행위로] 판정받았기 때문이다. 그곳에서 그는 인도를 거쳐 그리고, 마침내 중국으로 내 호평을 찾아 왔다. 그런데 너는 그가 돌아가면서 또 그 나라에 들러서 만나게 될 사람들에게 "중국에서 사람들이 나에게 부당하게 행동했고 또 강제로 나의 물건들을 강탈했다"고 말하게끔 행동했다. 그럼에도 나는 너의 지난날 [의 활동을] 고려하여 사형은 면하게 하겠으니, 너는 [지금부터] 죽은 사람들을 지키는 일을 하게 될 것인 즉, 왜냐하면 네가 산 사람들에게 [좋은] 관리가 되지 못했기 때문이다." 그리고 왕의 명령에 따라, 환관은 왕의 묘지에 배치되어 능을 지키고 또 유지하는 일을 맡게 되었다.

(10세기 초) 당시 보다 이전에 있었던 옛 중국 행정의 놀라운 것 중 하나는 판결의 방법 즉, 법적 판단이 주는 존경심이었다. 정부는 중국인들이 [사법관을 통한] 법률의 이해, 그들의 열정에 대한 진정성, 모든 상

황에서의 공정함, 법으로 명시되지 않았지만 고관들에게 유리하게 작용되는 모든 특권들로부터 거리두기, 약자들의 재산과 [고아들의 재산 등] 그들의 손에서 일어나는 모든 것에 대한 그들의 양심적인 정직함과 관련하여 중국인들이(어떠한 근심도 가지지 않게 [정성들여 판사들을] 선임하였다.

어떤 사람을 대법관에 지명하기로 결정했을 때, 위엄 있는 그 자리에 임명하기 전, 그를 나라의 근간이 되는 모든 도시들로 그를 보냈다. 그는 각 도시에서 한 달 혹은 두 달간 머물렀고 또 그곳에서 주민들과 그들의 역사 및 관습에 대해 조사를 했다. 사람들이 그에게 정보를 제공할 때, 타인들에게 그 정보가 사실인지 물어볼 필요가 없도록 그는 믿을 수 있는 증인을 통해 사람들에 관한 정보를 입수했다. 그는 문제가 되는 도시들을 모두 방문하고, 왕국 내에서 방문해야할 주요한 지방이 더 이상 없으면 그때 그는 수도에 되돌아와 대법관으로 임명된다.

바로 그가 판사들을 임명하고 또 그들에게 임명장을 수여한다. 왕국 전체의 [주요 도시들]과 각 도시에서 그 지역 출신 혹은 타 지역 출신의 신분으로 지방 판사에 임명된 사람들에 대한 그의 지식이 일부의 견해이거나 또는 그들에게 주어진 질문에 대해 진실한 답변을 하지 않은 자들이 준 정보에 의존한 것이라면 그는 면책되었다. [이러한 판사들과 함께라면] 한명의 판사가 불확실하게 알고 있는 사실을 대법관에게 전달하고 또 그에게 허위로 된 사실을 보고할 위험이 없다.

매일, 공공 소리꾼이 대법관의 집 앞에서 말하기를 "그의 신하들 속에서 보이지 않는 왕에게 왕의 관리들과 왕의 장군들 혹은 왕의 신하들 중 누군가를 고발할 사람이 누가 있겠는가? 나는 왕이 나에게 부여한 [역할]과 권한에 근거하여 이 모든 사건을 알아내려는 왕의 행정관 대행이다."라고 말했다. 공공 소리꾼은 이 말을 세 번 반복했다. 관리들의 대응이 어떤 명백한 부당행위를 내포하고 있는지 또는 사법부의 역할과 판사들의 활동에서 어떤 무시된 법이 있는지 검토한 후에야 왕은 관저에서 나오는 것이 원칙이었다. 이 두 가지 질서가 조정되자, 관리들의 대응은 공정한 행위와 정의만 기재되었고, 또 법은 정의를 준수하는 판사들에 의해서만 행사되었다. [이 조건 하에서] 왕국 내에서 질서가 잡혔다.

호라산에 관해 말하자면 [이미 언급하였듯] 중국의 국경지역이었다. 중국은 소그디안Sogdiane에서 도보로 두 달 걸리는 거리에 있었다. 이 두 나라는 통행이 불가능한 사막이나 강 그리고 주민도 찾아볼 수 없는 끝없이 펼쳐진 모래로 분리되어 있었다. 이것은 호라산 사람들의 공격으로부터 중국을 보호하는 자연 방어막이었다.

서부에서 중국은 티베트Tibet의 [동부] 국경에 위치한 마두Madû라고 불리는 지역과 국경을 접하고 있다. 중국과 티베트는 서로 끊임없이 전쟁을 한다. 우리는 중국을 여행하였던 사람들 중 한명을 만났다. 그는 우리에게 가죽부대 안에 사향을 넣어 등에 짊어지고 가는 남자를 보았다고 말했다. 그는 도보로 사마르칸드Samarkande에서와 이곳저곳을 다니고, 중국의 도시들을 거쳐, (페르시아만의) 시라프에서 오는 [아랍] 상인들이 모여드는 항구인 한푸에 마침내 도착했다. 또 나에게 정보를 준 사람의 말에 따르면 중국 즉, 중국 사향노루가 살고 있는 나라인 중국과 티베트는 하나이고 또 서로 분리할 수 없는 유일한 나라라고 했다. 중국인들은 자기들의 국경에서 인접한 곳에 사는 사향노루들을 잡고 또 티베트인들 역시 자신들의 지역에서 그만큼 잡는다. 티베트의 사향은 두 가지 이유로 인해 중국의 사향보다 더 낫다. 첫 이유로는 티베트의 국경부근에서 감송이 [많이 나는] 방목장에 사향노루가 있는 반면, 티베트의 국경에 인접한 중국에서는 [감송은 없고] 다른 식물들이 자라는 방목장만 있기 때문이다. 티베트의 사향이 더 좋은 두 번째 이유는 티베트인들이 자연 상태로 [사향노루에서 채취한] 사향의 향낭을 보존하는 반면, 중국인들은 얻을 수 있는 수포(水疱)를 섞어버리기 때문이다. 게다가 바다를 통해 사향을 발송하기에 [운항하는 동안] 사향에 습기가 배어들어 [향과 가치가 감소하기] 때문이다. 중국인들은 향낭 안에 사향을 보관하고 또 사향을 완전히 밀봉하여 진흙으로 만든 작은 항아리에 넣게 되면, [중국] 사향은 [해상 운송 중에도 손상을 입지 않고] 티베트 사향과 같은 품질로 아랍의 나라들에 도착하게 된다. 사향 중에서 가장 고품질의 사향은 사향노루가 [사향을 풍기는] 몸의 분비액이 나올 때, [배를] 비볐던 산의 바위에 [달라붙어 있는] 사향인데 이 분비액은 사향노루 배꼽에 모여 있고, 또 종기가 생길 때, 피가 모이는 것처럼 신선한 피[와 유사하게 신체]의 모든 부분에서 모여든 것이다. [사향노루의 배꼽에 있는 일종의 종기가] 성숙했을 때, 노루는 그것 때문에 불편하게 되어, 그 종기가 터질 때까지 바위에 배를 문지르게 되면서 그 내용물이 흘러나온다. 종기에 있는 내용물이 빠지고 나면, [상처는] 마르고 또 아물게 되고 또 몸의 분비액은 이전처럼 같은 곳에서 [새로운 종기를 만들기 위해] 모인다.

티베트에서는 사향을 능숙하게 찾는 자들이 있는데 이들은 사향에 대한 전문적인 지식을 갖고 있다. 그들은 사향을 발견했을 때, 채집한 사향을 모아 향낭 속에 넣는다. [그렇게 채집된] 사향은 왕에게 보내진다. 사향은 사향노루 자체에 있는 향낭 안에서 숙성이 되었을 때, [최상의] 상태가 되고, 최고의 품질이 된다. 이는 과일이 익기 전에 나무에서 따내는 것 보다 나무에서 익혀 따낸 과실이 더 맛있는 것과 같다.

사향을 채취하는 또 다른 방법이 있다. 사람들은 [사향노루를] 세로로 설치한 그물 [안으로 몰거나] 또는 화살을 쏘아 사냥한다. 때로 사람들은 사향이 체내에서 성숙되기 전 사향노루에 있는 향낭을 절제한다. 이 경우 사향노루의 향낭을 절제할 때, 사향은 건조가 되지 않았기 때문에 건조가 될 때까지 오랫동안 불쾌한 냄새를 풍기게 된다. 하지만 사향이 건조되면 [냄새가] 달라지고 또 [우리가 알고 있는 향긋한] 사향이 된다.

　　사향노루는 아랍의 가젤과 유사한데 같은 크기와 색, 가는 다리, 쌍 갈래진 발굽, [아래의 부분은] 직선이고, [윗부분의] 휘어진 뿔들도 유사하다. 사향노루는 위와 아래쪽의 턱뼈에 가늘고 하얀 두 개의 송곳니가 각각 있으며, 주둥이의 양쪽 편에 세로로 박혀있다. 각 송곳니의 길이는 한 뼘 혹은 그보다 조금 작으며, 코끼리의 어금니 형태와 유사하다. 이런 것이 다른 종류의 영양과 사향노루를 구별하는 특징들이다.

도시의 관리들과 환관들에게 발송된 중국 왕의 서신들은 황실 우편국의 수노새를 통해 배달된다. 노새들은 아랍 나라에 있는 공공 우편국의 수노새들처럼 꼬리가 잘라져 있다. 이 수노새들은 정해진 여정을 왕복했다.

우리가 이미 언급했던 관습 이외에도 중국인들은 아직도 서서 소변을 본다는 것이다. 일반 백성들은 그렇게 일을 본다. 하지만 관리들과 장군들, 명사들은 약 50cm 길이의(옻칠을 한) 윤이 나는 나무로 된 관을 사용했다. 이 관은 양쪽 끝에 구멍이 뚫려있고, 윗부분의 구멍은 음경의 귀두를 [그 안에 넣을 수 있을 만큼] 충분히 넓었다. 소변을 보고 싶을 때, 사람들은 서서 관의 끝을 멀찌감치 두고 그 관 안에다 소변을 본다. 중국인들은 이렇게 소변을 보는 방법이 건강에 더 위생적이라고 주장하고, 또 [남자들이] 소변을 보기 위해 웅크리기 때문에 결석이나 방광의 각종 질병들이 생긴다고 주장한다. 그들은 또한 서서 소변을 보아야만 방광이 완전히 비워진다고 주장한다.

중국인들은 머리카락을 자르지 않는데 [그들은 두발을 자르지도 않을 뿐만 아니라 아랍인들처럼 면도도 하지 않는다]. 이러한 관습이 생긴 이유는 중국 아이가 태어나면 아랍에서 하는 것처럼 사람들은 그 아이의 머리를 둥글게 하지 않고 또 [그 목적으로 머리를 마사지해서] 길게 만들지도 않기 때문이다. 중국인들의 말에 의하면 [아랍의 이러한 행위는] 뇌의 자연적 상태를 [좋지 않게] 변화시키고 또 지능을 손상시킨다고 한다. 중국인의 두상은 기형적이지만, 풍성한 머리카락이 이 결함을 가려준다.

결혼에 관해 말하자면, 중국인들은 이스라엘과 아랍 종족들과 같이 동일한 가계와 친척으로 나누고 또 그들 상호간의 관계는 이러한 인식이 고려된다. 중국 사람들은 친척이나 동일한 가계의 사람과도 결혼하지 않는데 특히 부계 쪽의 사람들과 더욱 그러하다. [왜냐하면 근친결혼이 금지되어있기 때문에] 다른 가계와 결혼해야하기 때문이다. 동일 가계와 결혼을 하지 않는다는 점은 아랍인들에게서 바누 타밈(또는 타밈Tamîm의 후손들) 가계의 남자가 타임의 후손과 결혼하지 않는 것과 같고 또 바누 라비아Banû Rabi'a 가계의 남자가 바누 라비아 가계의 여성과 결혼하지 않는 것과 같다. 반면, 바누 라비아 가계의 남자는 무다르Muḍar 가계의 여성과만 결혼하고 또 바누 무다르 가계의 남자는 바누 라비아 가계의 여성과만 결혼할 수 있다. 중국인들은 족외혼이 뛰어난 자손들을 출산한다고 주장한다.

인도에 관한 약간의 정보 ～～～～～～～～

　　발라흐라 왕국과 인도의 다른 왕국에서도 장작더미에 올라 스스로 자신의 몸을 불태우는 사람들이 있다. 이 관습은 윤회를 믿는 그들의 믿음에 기인하고, 이 믿음은 의심의 여지없이 그들의 정신에 박혀 있다.

　　왕위 즉위식 때, 인도의 어떤 왕들은 바나나 잎 위에 밥을 올려 대접하기 위해 쌀을 익히라고 명령한다. [이 기회에] 왕은 [자신과 친한] 약 3백 또는 4백 명의 친구들을 어떤 강요도 없이 자율적으로 모이게 한다. 자신이 먼저 밥을 먹고 난 후, 왕은 그 친구들에게 밥을 주는데 그들은 각자 차례로 그에게 다가가 밥을 받아서 먹는다. 왕이 죽거나 살해되면 밥을 먹은 모든 사람들은 [그들을 친밀하게 연결해 준 일종의 종교적인 영성체처럼 그와 함께] 왕이 생명을 다하는 바로 그날, 마지막 한명까지 모두 장작더미에 자진해서 올라가 스스로 몸을 불태워야 한다. [왕이 죽으면 그의 친구들도] 지체 없이 [사라지는 것이다]. [이 의무는 아주 엄격하기에] 그의 친구들, 그들의 시신들은 물론 그들의 어떠한 흔적도 남기지 않아야 한다.

　　누군가가 장작더미에 스스로 올라가 자신을 불태우기로 결심했을 때, 그는 왕을 방문하고 또 왕에게 [자신의 화장에 대한] 허가를 요청한다.

　　[요청했던 허가를 받고 난후], 그는 시장 안을 돈다. 그가 그렇게 다

니는 동안 사람들은 불꽃과 화염이 홍옥수(紅玉髓)처럼 짙은 붉은색이 될 때까지 탈 수 있게 많은 나무가 준비된 장작더미에 [불을 붙인다]. 그러면 자진했던 희생자는 심벌즈 치는 사람을 앞세우고 또 가족과 친지들에게 둘러싸여 장내를 달리기 시작한다. 그들 중 한명이 불타는 석탄으로 채워진 향내 나는 식물로 만든 관을 그의 머리에 씌운다. 사람들은 그 관에 산다라크 수지를 붓는데 그 수지가 불에 닿으면 원유처럼 [불이 붙는다]. 희생자는 걷고 또 그의 머리는 불이 붙기 시작하고, [불이 붙은] 그의 머리에서 살이 타는 냄새가 난다. 하지만 그의 걸음걸이는 전혀 변함이 없고 또 그는 어떠한 감정도 드러내지 않는다. 그렇게 해서 그는 자신이 곧바로 뛰어 들어갈 장작더미에 도착하고 또 그곳에서 재로 변한다.

이 일을 목격한 누군가의 증언에 의하면, 분사(焚死)를 곧 하게 될 한 인도인이 그가 장작더미로 몸을 던지기 직전, 손에 칼을 쥐고는 먼저 자신의 가슴 위쪽을 찌른 후, 아랫배 부분까지 스스로 몸을 갈랐다고 했다. 그리고 나서, 자신의 왼손을 [뱃속에] 넣은 다음, 간을 잡고는 그가 꺼낼 수 있을 만큼 뽑아냈는데, [그렇게 하면서도] 그는 말을 했다. 그는 자신의 칼로 잘라 낸 자신의 간 일부를 그의 형제에게 건네주면서 그가 죽음을 얼마나 무시하고 또 그가 어떻게 고통을 끈기 있게 참아내는지를 [보여주고자 했다]. 그리고 나서, 그는 자발적으로 알라의 저주(말하자면 지옥 속)를 향해 [돌진하면서] 불 속에 뛰어들었다.

이 이야기를 해준 사람이 주장하기를 이 나라의 산속에는 카니피야 Kanīfiyya와 아랍의 자리디야Jalīdiyya와 동일한 관습을 가진 인도인들이 있다고 하는데, 이들은 서로서로 무의미하고 비상식적인 일에 대해 같은 취향을 가졌다고 주장했다. 인도의 산골 주민들과 해변 주민들은 [서로에게 도전장을 던져] 부족의 명예를 거는 공통점이 있었다. 줄곧, 해변 주민 중 한 남자가 산골에 가고 또 [그들 중에 누가 자해를 더 잘 견디는지 산골 주민에게] 도전장을 던지는 것이다. 산골 주민도 역시 해변에 사는 사람들에게 그렇게 도전해온다.

한번은 한 산골 주민이 도전하려고 해변의 사람들이 사는 곳에 갔다. 해변 주민들이 그의 주위에 모여들었고, 이들 중 일부는 단순 구경꾼들이지만 또 일부는 [경우에 따라] 그의 도전을 받아들일 사람들이었다. 산골 주민은 자신이 무엇이든 할 수 있다면서 해변 사람들에게 도전장을 냈다. 그들이 그를 따라하지 못하면 그들은 패배를 인정해야한다. 그러고 나서, 그는 갈대가 자라고 있는 곳의 가장자리에 앉았고 또 그들에게 갈대들 중 하나를 뽑으라고 명령했다.

이 갈대들은 우리 고장의 갈대만큼이나 유연성이 있었다. 그 줄기는 단*dann*의 줄기와 비슷했지만, 조금 더 강했다. 사람들이 그 인도 갈대들을 땅바닥에 내려놓았을 때, 줄기의 윗부분을 당겨 갈대들이 [반원 형태가 되게] 구부리며, 갈대 꼭대기가 거의 땅에 닿게 한다. 하지만 사람들이 그것들을 놓아버리면 바로 원래의 수직 상태로 되돌아간다. 산골 주민은 큰 갈대의 윗부분을 잡아 그의 머리 가까이 올 때까지 구부려달라고 [어떤

이에게 부탁을 했다]. 그러고 나서, 그는 그 갈대에 자신의 머리카락을 끈으로 단단히 묶고 또 강하게 조았다. 그다음에 불을 [꺼버릴] 만큼이나 재빠르게 칼을 꺼내들고는 해변 주민들에게 "나는 이 칼로 내 목을 자를 것인 즉, 내 목이 몸통과 분리될 때, 바로 갈대를 놓으시오. 이 갈대 끝부분이 내 머리를 달고 수직상태로 되돌아가는 순간에도 나는 크게 웃을 것이기 때문에 여러분들은 그때 나의 가벼운 웃음소리를 들을 수 있을 것이오." 산골 주민들은 그가 한 만큼은 할 수 없다고 느꼈다.

이 사건은 [부정확하다고] 의심할 수 없는 사람이 해준 이야기이다. 게다가 그는 사건의 무대가 되었던 인도의 도시를 잘 알고 있었고, 이 도시는 아랍의 나라들과 인접해 있었으며 또 그 지역의 소식들이 곧장 아랍 나라에 끊임없이 [전파되었다].

인도의 풍속에 관한 또 다른 특징이 여기에 있다. 남성이든 여성이든 나이가 들고 또 감각이 둔해지면 이런 노쇠한 상태에 이르게 된 당사자는 가족들 중 한명에게 자신을 불에 태우거나 물에 익사시켜 달라고 부탁한다. [이렇게 행동하는 이유는] 그들이 다시 태어날 것이라는 확고한 믿음이 있기 때문이다. 인도에서는 죽은 사람들을 불태우는 관습이 있다.

시란딥(실론) 섬에는 보석이 나는 산이 있다. [그 해변에는] 진주와 또 다른 것들도 채취하는 어장(잠수지)이 있다. 어느 날, 한 인도인이 – 그 지방에 있는 특별한 칼의 일종인– 잘 담금질 되고 또 날카로운 크리스kris로 무장을 하고 시장으로 가는 것을 [사람들은 목격했다]. 그 남자는 가장 부유해 보이는 상인 한 명을 붙잡아 멱살을 잡고서는 칼을 꺼내들어, 그를 위협했고, 또 모든 사람들이 보는 앞에서 상인을 데려갔는데 그 누구도 그의 납치를 막을 수 없었다. 만약, 누군가가 대항했다면 그 상인은 바로 강도에게 죽임을 당했을 것이고, 또 그 강도도 자살했을 것이다. 그 강도가 상인을 납치하여 도심에서 빠져나왔을 때, 강도는 상인에게 몸값을 요구했다. 누군가가 몸값으로 거금의 은화를 지불하면서라도 상인을 빼내기 위해 그의 지근거리에서 뒤따라왔다. 이러한 습격들은 [처벌을 받지 않고] 이전부터 지속되고 있었는데, 새 왕은 어떠한 희생을 치르더라도 강제로 돈을 강탈하기 위해 상인을 납치하는 모든 인도인을 체포하라는 명령을 내렸고, 또 그는 실행했다. 하지만 [체포 직전] 인도인 강도는 상인을 죽였고 또 바로 그도 자살했다. 다른 몇몇 경우에서도 결말은 같았고, 또 인도인 [강도들]과 아랍인 [상인들]은 그렇게 목숨을 잃었다. 하지만 그런 습격들은 끝났고 또 상인들은 안전을 되찾게 되었다.

붉은(루비) 보석, 녹색(에메랄드) 그리고 노란(황옥)은 시란딥 산에서 채굴되었는데 시란딥은 섬이었다. 가장 많은 양의 보석들은 썰물 때, 발견되었다. [바다의] 파도는 동굴들과 광산들, 비(혹은 급류)가 휩쓸고 온 하천의 하류들 바깥으로 그 보석들을 나오게 했던 것이다. 왕의 이름으로 이 광산을 지키기 위해 임명된 감독관들이 있었다. 가끔 사람들은 광산을 파듯이 땅에 우물을 파기도 했고 또 그곳에서 제거해야 할 맥석에 들러붙은 보석들을 채굴하기도 했다.

시란딥 왕국에서 사람들은 종교적 법률이 적용된다. 아랍의 나라에서 예언자들의 전통을 가르치는 사람들이 모이듯이 서로 함께 조언하는 선생들이 있다. 인도인들은 도처에서 이 선생들 주위로 사람들이 모여들고 또 그가 말하는 대로 그 선지자들의 삶과 종교적 법률의 가르침을 받아 적는다.

시란딥에는 순금으로 된 위대한 우상이 있는데, 그 우상에게 선원

들은 특별한 공물을 바친다. 그곳에서는 또한 사원들이 많은데 사람들
은 사원을 [건설하기 위해] 엄청난 돈을 쓴다.

이 섬에는 수많은 유대인들과 다른 종교의 신자들이 있다. 그곳에서는 또한 마니교도들도 있다. 왕은 각 종파들이 자신의 종교 활동을 실천할 수 있게 허락한다.

이 섬의 맞은편에는 엄청나게 큰 구브*ghubb* -구브는 큰 강의 어귀를 말하는데, 이 하구는 한없이 길고 또 넓으며 또한 바다까지 뻗어 있었다. 수부들은 시란딥의 구브라고 불리는 그 구브를 항해하기 위해 두 달 혹은 그 이상의 시간을 들여야 했다. 항로는 나무들과 물로 뒤덮인 목초지가 있는 늪을 가로질러 간다. 이곳은 따뜻한 곳이다. 바로 이 구브의 [동쪽] 입구에서 하르칸드(벵골만)의 바다라고 불리는 바다가 있다. [마나르 만golfe de Manaar과 팔크 해협détroit de Palk 안에 위치한] 이 지역은 쾌적하고 신선하다. 여기에서 암양 한 마리는 반 디르함(약 50 상팀)의 가격이다. 그곳에서 사람들은 같은 가격으로 신선한 다디*dâdî* 곡물 [이것은 보리와 유사하지만 보리보다는 약간 더 길고 가늘며 약간 검은 색에 쓴맛이 나는 곡물]과 다른 재료들을 벌꿀과 혼합하여 익힌 음료를 한 무리의 사람들이 충분히 마실 수 있는 정도의 양을 살 수 있다.

실론 [Ceylan] 주민들의 주요 일과는 수탉 [싸움]에 내기 돈을 걸고 또 트리트랙 놀이의 종류인 나르드*nard* 놀이를 하는 것이다. 이 나라의 수탉들은 크고 또 강한 발톱을 갖고 있다. 사람들은 닭의 발톱에 작고 날카로운 칼을 매달고 닭이 [다른 닭과 싸우라고] 던진다. 놀이를 하는 사람들은 금, 은, 땅, 심은 작물 그리고 모든 것들을 걸었다. [싸움에서] 승리한 닭은 엄청난 양의 금을 [벌거나 획득하게] 된다. 나르드 놀이의 경우에도 사람들은 항상 거금을 걸고 놀음을 한다. [그 놀이의 중독은] 정신마저 미약하게 한다. 돈이 다 떨어진 자들은 자신감과 당당

함을 보여주기 위해 자신의 손가락을 걸고 놀이를 한다. 그들은 [트리트랙 놀이]를 하는 동안, 야자 [열매]의 기름이나 참깨 기름이 든 항아리를 그들 옆에 놓고 -이 나라에 올리브기름은 없음- 기름이 뜨겁게 불을 지핀다. 두 놀이꾼들 사이에는 날이 잘 벼려진 작은 도끼 한 자루를 둔다. 상대를 했던 놀이꾼들 중, 이긴 자는 진 자의 손을 잡아 돌 위에 올려놓고 도끼로 내려쳐 손가락 하나를 절단한다. 손가락이 잘린 자는 아주 뜨거운 기름에 환부를 지진다. 하지만 손가락이 잘려나가도 진 자는 이 놀이를 계속하는데 때로는 두 놀이꾼들이 놀이를 끝내고 헤어질 때, 그들의 손가락들이 하나도 없는 경우도 있다. 심지어 머리 타래를 잡아 기름에 적셔버리는 놀이꾼들도 있다. 그러고 나서 머리 타래를 신체의 한 부위에 올려놓고는 불을 질러버린다. 머리 타래는 불에 훌랑 타고 또 살 [타는] 냄새가 진동하기도 한다. [이 동안에도] 살이 타는 자는 나르드 놀이를 하고 또 아무 감정도 드러내지 않는다.

이 지방에서는 남성들만큼이나 여성들도 끝없는 타락에 지배되고 있다. 때로는 외국 상인은 이 나라의 여성들 중 한 명에게 [또는 마찬가지로] 왕의 딸에게도 [호의를] 요구하는 정도이다. 여성은 [동의하고 또] 자신의 아버지가 보는 앞에서 숲이 우거진 곳으로 상인을 만나러 간다. 시라프Sîrâf의 나이든 남자들은 이 지역으로 항해하는 것을 금지시켰는데 특히, 젊은이들이 [배에 있을 때] 그랬다.

인도에서는 바자라basâra 시기가 [오는데] 바자라는 산스크리트어 바트사라vatsara가 아랍화한 것으로 "비"를 의미한다. 여름은 비가 오는 계절로서 3개월 동안 밤낮으로 끊임없이 지속된다. 이 기간 동안 비는 멈추지 않는다. 이 장마 직전에, 인도인들은 생필품을 준비한다. 바자라가 시작되었을 때, 그들은 나무로 지은 자신들의 집에 정착한다.

지붕은 짚으로 두껍게 덮는다. [비의 계절에는] 중요한 일이 있는 경우를 제외하고는 아무도 집밖으로 나가지 않는다. 바로 이 강요된 칩거기간 동안에 장인들과 일꾼들은 자신의 직업적 일을 수행한다. 이 시기에 [습기가] 가끔은 식물의 뿌리를 썩게 한다. [비는 땅을 비옥하게 하기에] 바자라는 이 지방 사람들의 삶을 영위하게 한다. 왜냐하면 만약 비가 오지 않으면 그들은 [배고픔으로] 굶어죽기 때문이다. 결국, 그들은 벼를 심는다. 왜냐하면 그들은 다른 것을 경작할 줄 모르고 또 쌀 외에 다른 식량은 없기 때문이다. 비가 오는 동안 계절에 하라마트*harâmât*에 벼가 있는데, 이 인도어는 "벼를 심은 논"을 의미한다. 논에는 물이 고여 있어, 물은 주거나 보살필 필요도 없다. 하늘이 개었을 때 [또 비구름이 해를 가리지 않을 때] 벼는 최고로 자라고 또 수량도 최고가 된다. 겨울 동안에는 비가 오지 않는다.

인도에는 바라문이라 불리는 경건하고 또 학식이 있는 사람들이 있다. 이들은 왕들에게 비위를 맞추는 시인들, 점성가들, 철학가들, 예언가들, 까마귀가 비상하는 것을 보고 점을 치는 사람들 그리고 또 여러 전문가들도 있다. 또한 마술사들과 일종의 [방술을] 쓰는 사람들은 특이한 것들을 발명한다. 특히 이 지칭들이 적용되는 이곳은 카나위*Kanaw-j*(카노즈*Canoge*)이고, 구즈라 [왕]의 왕국에 속하는 큰 도시이다.

인도에서는 사람들이 바이카르지*baykarjî*라고 부르는 부류의 사람들이 있다. 그들은 나체로 산다. 그들의 머리카락은 [매우 길어] 신체와 생식기를 덮고 있다. 그들의 손톱은 창의 날처럼 길고 또한 그 손톱들이 깨졌을 때만 깎는다. 그들은 순례자들처럼 [동냥으로] 생활한다. 그들은 각자 가느다란 끈으로 사람의 두개골을 묶어 목에다 걸고 다닌다. [그들은 거의 먹지 않는다]. 그들은 배가 고프면 아무 인도인의 집 앞에서 멈추는데 그러면 집주인이 바로 밥을 가져다준다. 왜냐하면 집 주인은 [그들이 온 것이] 마치 좋은 소식의 징조로 여기기 때문이다. [이 유랑 고행자들은] 사람들이 준 밥을 자신의 목에 건 두개골 안에 담아 먹는다. 그들은 먹고 난 후, 이내 사라지고 또 [급히] 필요할 때에만 음식을 다시 요구한다.

인도인들은 종교적 실천에 몰두하는데 그들은 이 실천을 통해 높은 곳, 멀리 떨어져 있는 창조주와 만날 수 있다고 믿는다. ―전지전능하고 위대한 알라 신은 악인들이 말하는 것 보다 위에 있다(코란, 17장, 45절)―. 그렇게 누군가가 여행자들을 위해 숙소를 길에 지으면 그 주위에 상인이 자리를 잡고 여행자들에게 필요한 물건을 판매한다. 그곳에는 또한 여행자들에게 상냥하게 헌신하는 인도인 유녀도 자리 잡고 있다. 바로 이러한 행위를 통해서 인도인들은 공덕을 쌓는다고 믿는다.

인도에는 "부처buddha의 유녀들"이라고 불리는 매춘부들이 있다. 이 유녀들의 기원은 다음과 같다. 한 여인이 부처에게 소원을 빌어, 예쁜 여자아이를 낳을 수 있었고, 그래서 그녀는 ―사람들이 숭배하는 우상인 부처에게 ―그 아이를 데리고 갔고, 또 그에게 자신의 딸을 바쳤다. 그러고 나서, 이 여인은 딸을 위해 시장 안에 집을 구하고 [정면에] 벽걸이 천을 드리우고 행인들, 인도인들 그리고 외국인들, 그것을 용인하는 종교의 신도들이 [그녀를 잘 보게 하고 또 이용할 수 있게] 자기 딸을 소파에 앉혔다. [모든 남자들은] 일정한 금액을 내고 이 여성의 몸에 대한 주인이 되었다. [유녀는] 일정한 금액이 모일 때마다 사원의 유지를 위한 비용에 보태기 위해 [그녀가 바쳐졌던] 우상이 있는 절의 관리인에게 돈은 보냈다. 우리를 위해 코란을 또 코란을 통해 불충의 죄로부터 우리를 보호해주시는 전지전능하고 위대한 알라 신에게 감사할지어다.

물탄Mûltân이라 불리는 [우상]은 만수라Manṣûra [도시] 가까이에 있었다. 사람들은 그곳에 도보로 몇 달이나 걸리는 거리를 [순례하기 위해] 왔다. [순례자들은] 그곳에 카마루파Kâmarûpa 알로에 또는 카마루피 ḳamarûpî [라고 불리는 종류의] 인도 알로에를 [바쳤는데] -카마루파는 그 알로아가 유래된 나라의 이름으로- 알로에 중 최고였다. 그러한 이유로 사람들은 그 알로에를 우상의 [제향에] 사용하기 위해 [봉헌하고자] 가지고 왔다. 이 알로에의 가격은 약 200디나르 르 만이나 되었다. 가끔 사람들은 이 알로에 위에 인장을 찍었고 또 인장의 자국은 나무가 부드러울 때, 새겨진다. 상인들은 사원의 관리인에게서 구매하면서 [이 알로에를] 얻는다.

인도에는 종교의 영향을 받아 바다에 솟아나 있는 섬에 가고 또 그곳에 코코넛을 심는 독실한 신자들이 있다. 그들은 섬에서 우물을 파고 또 그 보답으로 [우물에서] 물을 긷는다. 그곳으로 배들이 지나갈 때, 그들은 선원들에게 물을 공급한다.

오만으로부터 사람들이 목수 연장이나 다른 여러 연장들을 들고 야자나무가 자라는 이 섬에 온다. 그들이 원하는 만큼 [많은 양의] 야자나무를 베고 또 그 나무가 건조되면 판자를 만든다. 그들은 코코넛나무로부터 섬유를 뽑고 또 [뽑은 실로] 그 코코넛나무의 판자들을 하나로 꿰맨다. 이 판자들은 배를 건조하는데 사용된다. 이 야자나무로 사람들은 돛과 활대도 제작한다. 야자나무 잎으로 사람들은 돛을 짜고 또 그 섬유로는 아랍어로 하라바트ḥarâbât라는 밧줄을 만든다. 배가 완전히 건조되었을 때, 사람들은 그 배에 코코넛 열매를 싣고 오만으로 가서는 그곳에서 코코넛을 판매한다. [이렇게 진행된 사업은] 큰 이익을 주는데 왜냐하면 그 일을 선택해서 모은 모든 것들 [선구와 돛 그리고 많은 양

의 코코넛과 함께 건조된 선박]은 다른 사람의 도움 없이 자기 혼자서
했기 때문이었다.

🛥 쟝의 나라 ∿∿∿∿∿∿∿∿∿∿∿∿∿

쟝 사람들의 나라(말하자면 과르다퓌 곶 남쪽의 아프리카 동부 해변)는 아주 넓다. 이곳 사람들의 [주요] 음식인 뒤라durra(수수)와 사탕수수 그리고 다른 여러 나무들로 구성된 이곳의 식물상은 흑색이다. 쟝의 왕들은 서로 [끊임없이] 싸우고 있었다. 왕들은 주위에 무하자문 muḥazzamûn "코에 구멍이 난 사람들"이라고 불리는 사람들을 거느리고 있었는데 사람들이 그들의 코에 구멍을 뚫었던 것이다. 사람들은 [낙타에게나 다는 것처럼] 그들의 코에 구멍을 뚫어 고리를 달았고 또 그 고리는 사슬로 연결되어 있었다. 전투 [할 때], 그들은 [군대의] 선두에서 진격한다. 각 사슬의 끝은 누군가가 줄을 잡고 있고, 또 그는 사슬을 뒤쪽으로 당기기도 하고 또 두 무리의 적군들 사이에서 일어난 싸움을 해결하려는 중재자들을 도우기 위해 선두에 가려는 전투병을 막기도 한다. 만약 중재가 이루어지면 [전투병들은 후퇴한다]. 반대의 경우, 관리자들은 무하자문의 목주위로 사슬을 정성스럽게 동여매고 또 그들이 자유롭게 내버려둔다. 전투가 시작되면, 그 전투병들은 자신의 자리를 고수해야하고 또 그 누구도 죽기 전까지 자신의 전투지를 벗어나지 못한다.

[흑인들의] 마음속에는 아랍인들에 대해 두려움 섞인 존경심이 지

배하고 있다. 그들이 아랍인을 보면 그 앞에서 조아리고 또 말하기를 "대추야자가 자라는 나라에서 온 사람"이라고 한다. [이러한 사실이 의미하는 것은] 얼마나 그들이 대추야자 열매를 좋아하고 또 [아랍인들에 대해] 그들이 어떤 친근한 감정을 가졌는지 보여주는 것이다.

이 흑인들의 나라에서는 휘타*hutha* (정통 칼리프를 위해 기도하는 금요일의 설교)를 행한다. 자신들의 고유한 언어로 휘트바*hutba*를 행하기 위해 [충분히 능변이 되는] 설교자들을 다른 어떤 민족에서도 찾아 볼 수 없다. 이 나라에서는 알라에 대한 숭배에 열중하는 사람들이 있다. 그들은 표범 가죽이나 원숭이 가죽으로 만든 옷을 입고 있다. 그들은 손에 지팡이를 쥐고 또 그들은 자신들 주위에 모여드는 주민들을 살핀다. [고행자는] 청중들에게 설교하면서 그리고 전지전능한 알라신을 부르면서 낮부터 늦은 밤까지 두발로 서있다. 그는 청중에게 [죄인들이나 이교도들] 그리고 죽은 자들의 운명을 설명한다. 바로 이 나라에서 붉고 또 흰색의 반점이 있는 쟝 [의 표범들이라 불리는] 크고 또 강한 표범의 [가죽]이 수출된다.

[이 지역의] 바다에서는 소코토라라고 불리는 알로에가 자라는 소코토라의 섬이 있다. 이 섬은 쟝의 나라와 아랍 나라들 가까이에 있다. 이곳 주민들 대부분은 다음과 같은 이유로 가톨릭교도가 되었다. 알렉산더 대왕이 페르시아 왕을 정복했을 때, 그는 자신의 스승인 아리스토텔레스와 소식을 주고받았고 또 그에게 [두루 돌아다닐] 기회가 주어진 [새로운] 나라들에 대해 알렸다. 아리스토텔레스는 그에게 소코토라라고 불리는 섬을 탈취하라고 적었는데, 왜냐하면 그곳에 환각제를 만드는 가장 중요한 알로에가 자라고 있었고, 그 알로에 없이는 완벽한 약제를 만들 수 없었기 때문이다. 그는 또 섬에 사는 주민들을 내

쫓고 또 그곳을 안전하게 관리하기 위해 그리스인들을 상주시킬 것을 권고했다. 이들은 알로에를 시리아, 그리스, 이집트 등지로 보내고자 했다. 알렉산더는 이 섬의 주민들은 쫓아내기 위해 [군사들을] 보냈고 또 그곳에 그리스 주민들을 정착시켰다. 그는 동시에 다리우스 사후에 자신에게 복종했던 작은 정부로 분리된 왕들에게 이 섬의 관리를 위한 감시를 명령했다. 그리스 식민 개척자들은 알라가 -그에게 구원이 있기를!- [지상에] 예수를 보냈을 때까지 안전하게 살았다. 그 섬에 살았던 그리스인들 중 한 명은 예수의 사명을 알았고 또 소코토라의 모든 식민 개척자들은 로마인들이 그랬던 것처럼 기독교를 받아들였다. 이 그리스의 기독교 후손들은 현재(916년 경)까지 민족도 종교도 다른 이 섬의 다른 주민들의 이웃에서 살고 있다.

책 1권에서는 오만과 아라비아에서 출항을 하면 배는 대양(오만해)의 한 가운데로 가는데 오른쪽(말하자면 서부)에 있는 해양 [국가들과 주민들]에 대해서는 다루지 않았다.

책 1권에서는 오만과 아라비아에서 출항 준비를 했고 또 큰 바다(오만해) 한 가운데에 배들이 왔을 때인 오른쪽(말하자면 서부)에 있는 해양 [국가들과 주민들]에 대해서만 다루었다. 단지 책 1권에서 다룬 것은 왼쪽(말하자면 동부)에 있는 [나라들]과 [민족들]이고 또한 본 책의 저자가 설명하고자 했던 인도와 중국의 바다를 포함하고 있다.

서부 인도의 오른쪽(말하자면 서부)에 있고 또 페르시아만과 접한 바다에는 향나무가 자라는 곳인 시르Šiḥr의 나라와 [옛 아랍의 민족들의] 아드ʿĀd, 히마르Himyar, 주르홈Jurhum, 튀바Tubbaʿ [옛 예멘의 왕들이 다스렸던] 나라들이 있다. 이 민족들은 [다른] 대부분의 아랍인들이 이해하지 못하는 아주 오래된 옛날의 아랍 방언을 사용한다. 그들은 정해진 주거지가 없고 또 가난하며 또한 궁핍한 생활을 하고 있었다. 그들이 사는 나라는 아덴의 영토와 예멘의 해변까지 뻗어있다. [해변은 북쪽으로 뻗어 있는데] 쥐다Judda (속칭 제다Jedda)까지 이르고, 쥐다에서 알—자르Al-Jâr와 시리아 해안까지 이른다. 그러고 나서, 해변은 퀼줌(수에즈 부근)에서 끝이 나는데, 이 장소에 [코란에서 말하길] 전지전능한 알라신이 두 바다(홍해와 지중해) 사이에 방벽을 놓았다고 했던 곳이다. 그러고 나서, 퀼줌에서부터 해변은 방향을 바꾸어 [서쪽으로] [홍해의 서부] 바르바르Barbar 나라로 이어진다. 그러고 나서, 이 서쪽 해변은 계속 남쪽으로 뻗어 예멘의 맞은편까지 그리고(아덴만 안에 있는) 아비시니아의 나라까지 이르는데 이곳에서는 사람들이 베르베라Berbera의 표범 가죽이라 불리는 표범 가죽을 수출한다. 이 가죽은 최고로 멋있고 또 최상의 품질을 가진 가죽이다. 또한 자이라Zayla [마을], 그곳에는 사람들은 용연향과 쟈발dzabal, 말하자면 거북의 귀갑이 있다.

시라프의 선주들에게 속한 선박들은 인도 바다(홍해)의 오른쪽(말하자면 서부)에 있는 이 바다에 도착하고 또 쥐다에 도착하여, 이 항구에 머문다. 그들이 가져와서 이집트로 운반하려는 상품들은 그곳에서 퀼줌의 배들[이라고 불리는 흘수가 낮은 특수한 배에] 옮겨 싣는다. 시라프 선주들의 배들은 [홍해] 바다의 [북부에 있는] 항로를 이용할 엄두를 내지 못했는데 왜냐하면 항해 중에 그곳에 서식하는 수많은 [산호] 섬들을 마주칠 수 있기 때문이었다. 해변에는 왕도(정부도), 사람이 사는 곳도 없었다. 이 바다를 항해하는 배는 저녁때마다 산호섬들이 두려워 정박지를 찾아야만 했는데 왜냐하면 [만약 밤에 항해를 할 경우 이 산호섬에 배가 부딪히기 때문이다]. [이 바다에서 규칙은] 낮에 항해하고 밤에 정박하는 것인데 왜냐하면 이 바다는 어둡고 또 불쾌한 냄새가 나기 때문이다. 이 바다에서는 심해에서나 수면에서도 좋은 것이라곤 하나도 없다. 사람들이 심해에서 진주나 용연향을 발견할 수 있고 보석과 많은 금이 나는 산이 있는 인도와 중국의 바다들과 이 바다는 전혀 닮은 점이 없다. [이 두 바다와 접한 나라에 사는] 동물들은 입에 상아가 있다. [이 나라의] 식물군은 흑단, 브라질 숲, 대나무, 알로에나무, 녹나무, 육두구, 정향, 백단나무와 다른 향기로운 향신료 나무와 냄새가 독한 나무도 있다. 주목할 만한 새들로는 앵무새와 공작[이다]. 그곳에서는 사향고양이와 사향노루를 사냥한다. 이곳에는 좋은 산물이 너무나 풍부해서 그 좋은 것들을 모두 열거하기란 불가능하다.

용연향

이 [인도] 바다의 해안에서 사람들이 발견한 덩어리들은 파도에 밀려온 것이다. 인도 바다에는 용연향이 발견되기 시작했지만, 사람들은 그것이 어디에서 오는지 알 수 없었다. 사람들은 단지 최고의 용연향은 베르베라(아덴만의 남쪽 해안)에서부터 그리고 쟝의 나라 끝에서 발견된다는 것과 [한편으로는] 시르 및 [또 한편으로는] 주변에서도 발견된다는 것만 알았다. 이 용연향은 계란 모양에 회색빛이었다. 이 지역의 주민들은 달빛이 비치는 밤에 낙타를 타고 용연향을 찾으려고 긴 해변으로 갔다. 이 일을 위해 조련된 [낙타를 그들은 탔고] 또 그 낙타는 해변에 있는 용연향을 찾을 줄 알았다. 낙타가 용연향 덩어리를 발견했을 때, 낙타는 무릎을 꿇었고 또 그러면 낙타몰이꾼이 용연향을 수거했다. 사람들은 가끔 엄청난 중량의 용연향 덩어리를 바다의 수면에서 발견하기도 한다. 때로 이 덩어리는 황소만하다. 탈*tâl*이라 불리는 물고기는 이 용연향 덩어리를 보면 바로 삼켜버린다. 하지만 용연향이 물고기의 위장까지 내려오게 되면 그 물고기는 죽어서 바다 수면 위를 떠돌아다니게 된다. 작은 배 안에서 이것을 배에서 지켜 본 사람들은 그때 물고기가 용연향을 삼켰다는 것을 알고 있었다. 또한 이들은 수면에 떠다니는 물고기를 발견하는 즉시, 물고기의 등에 쇠갈고리를 꽂고, 그곳에 단단한 밧줄을 걸어 육지로 끌어올린다. 사람들은 물고기의 위장을 개복하여 [물고기가 삼킨] 용연향을 끄집어낸다. 물고기의 위장 가까이에서 나온 용연향인 만드mand는 나쁜 냄새를 풍긴다. 이것은 바그다드와 바스라의 향수 가게에서 가끔 볼 수 있다. 물고기의 나쁜 냄새가 배어들지 않은 용연향 덩어리는 극도로 순수하다. 이 물고기 등의 척추 뼈로 사람들은 가끔 의자를 제작하는데 그 의자 위에서는 남성 한명이 거뜬히 앉을 수 있고 또 편하게 앉아 쉴 수도 있다. 앝−타인At-Tayn이라고 불리는 시라프로부터 10파라상즈 떨어져 있는 마을에는 아주 오래된 집들이 있다. 집의 지붕이 멋진데 바로 이 물고기의 갈비뼈들로 만들어졌다. 옛날 시라프 주변에서 이 물고기들 중 한 마리가 [바다의 기슭에] 밀려왔다고 어떤 사람이 말하는 것을 나는 들었다. 이 사람은 그 물고기를 보러갔고 또 사람들이 그 물고기 등에 작은 사다리를 걸치고 올라가는 것을 보았다고 했다. 어부들이 이 물고기 한 마리를 잡으면 [그들은 육지에 가지고 와서] 햇볕에 내려놓고는 물고기의 살을 도막낸다. 그들은 고기에 구멍을 파 기름이 고이게 했다. 그리고 태양의 열기에 의해 기름이 용해되었을 때 숟가락으로 기름을 떠내고 또 기름을 선주에게 팔았다. 기름은 다른 물질들과 섞어 바다를 항해하는 배에다 그 기름을 바르는데 [가장자리를 서로서로 꿰매면서 생겼던] 송곳에 뚫어진 구멍들을 메우고 또 가장자리 사이에 있는 틈들을 메우기도 한다. 이 물고기의 기름은 매우 비싸게 팔렸다.

진주

진주의 형성 기원은 알라신의 작품이라고, ─알라신의 이름에 가호가 있기를!─ 전지전능하고 위대한 그가 [코란, 36장, 36절에서] 직접 언급했다. "암수 쌍으로 된 모든 [존재들], 영혼이 있는 것들과 [사람들이] 알지는 못하지만 땅에서 싹트는 것들도 창조하신 그에게 영광이 있으라"라고 했다. 진주는 안주단anjudân (탑시아thapsia[9]) 씨 정도의 크기에서 보이기 시작한다. 진주는 색상, 형태, 작음, 가벼움, 섬세함, 세련미를 갖추고 있다. 진주는 바다의 수면에서 힘들게 바람에 떠밀리고 또 [진주조개의 작업대에 정박해 있는] 어부의 배 가장자리에 떨어진다. 그리고 나서, 진주는 시간이 지나면서 충분히 성장하고 굵어지며 또 단단해진다. 진주가 묵직해졌을 때, 진주는 바다 밑바닥에 달라붙는데 이곳에서 진주는 단순히 혀뿌리와 닮은 붉은 고기 조각으로 뼈도 신경도 혈관도 없다. 진주가 형성되는 방법에 관해서는 사람들의 의견이 분분하다. 어떤 사람들은 비가 올 때 [쌍각 진주] 조개가 바다 수면에 올라와서는 빗방울이 입에 떨어질 때까지 입을 벌리고 있는데 그 빗방울이 진주의 씨로 변한다고들 한다. 다른 사람들은 [진주가] 조개 자체에서 생긴다고 주장하는데 때로는 진주가 조개껍질 속에서 식물처럼 성

---

9) 탑시아thapsia는 지중해에 자생하는 미나리과 독초.

장하는 것을 볼 수 있기 때문에 이 견해가 더 정확하다. 사람들은 조개에 붙은 이 진주를 빼내고 또 이러한 종류의 진주를 바다 상인들은 "떼어낸 진주"라고 부른다. 하지만 알라신이 가장 조예가 깊을 지어다!

우리가 들었던 말들 중 특이한 것은 부자가 되기 위한 방법에 관한 것으로 다음과 같다. 옛날에 유랑하던 한 아랍인이 거금의 가치가 있는 진주 하나를 갖고 바스라에 왔다. 그는 자신의 친구였던 향수판매인에게 진주를 들고 가서는 그에게 보여주었고 또 그에게 무엇인지 그리고 가치가 얼마나 되는지도 물었다. 조향사는 그에게 [이 알갱이가] 진주라고 알려주었다. 아랍인은 "그러면 이 진주의 가치는 얼마나 되는가?"라고 물었고, 향수판매인은 "100디람"이라고 대답했다. 아랍인은 가격이 높다고 생각했고 또 그에게 다시 "네가 방금 나에게 말한 그 가격으로 이 진주를 구입할 사람이 있을까?"라고 물었다. 조향사는 그에게 [바로] 100디람의 금액을 지불했고, 그 돈으로 아랍인은 자신의 가족들을 위해 식량을 구매했다. 향수판매인은 진주를 들고 바그다드에 가서 그곳에서 그는 엄청난 금액을 받고 팔아서 그 돈으로 자신의 사업이 번창하게 되었다.

향수판매인은 유랑하는 아랍인에게 어떻게 그 진주를 손에 넣을 수 있었는지 물어보았다고 했다. 아랍인이 대답하기를 "나는 바다에서 가까운 바레인(페르시아만의 동부 연안)의 [한 마을]인 아스−사만As-Samân 부근을 지나고 있었다네. 나는 모래 위에서 무언가를 입에 물고 죽어있는 여우를 보았다네. 나는 [말 혹은 나타에서] 내렸고 또 자세히 살펴보니 문제가 된 물건은 일종의 덮개 같았고, 그 덮개의 안쪽 부분은 희고 또 빛이 났다네. 나는 그 덮개 안에서 내가 가져왔던 그 둥근 것은 발견했다네." 향수판매인은 그렇게 해서 처음으로 조개가 공기를 들이마

시기 위해 해변으로 나왔고 또 그것은 조개의 습성이었다는 것을 알게 되었다. 그때 여우가 그곳을 지나가고 있었다. 입을 열고 있는 조개의 몸 안에서 살덩어리를 본 여우는 바로 조개에게 덤벼들었고, 조개의 열린 두 판막 사이에 머리를 넣고 살덩어리를 물었다. [즉시] 조개는 여우의 주둥이를 문 채 판막들을 닫았다. 그런데 그 조개가 무언가를 문 채, 자신의 판막들을 닫았고 또 조개를 잡는 손을 느꼈을 때, 조개는 자신의 판막들을 열 수 없었을 것이다. 진주를 꺼내기 위해서 쇠로된 연장으로 조개를 이쪽 끝에서 저쪽 끝으로 쪼개야 하는데, 왜냐하면 조개는 엄마가 아이를 보호하듯 자신의 진주를 조심스럽게 보호하고 있기 때문이다. 여우는 조개의 [두 판막들 사이에 주둥이가 물린 것을 알았을 때, 여우는 조개를 땅바닥에 좌우로 내리치면서 달리기 시작했다. 하지만 조개는 문 것을 놓지 않았다. [얼마의 시간이 지나고] 여우와 조개는 죽어버렸다.

바로 이것이 유랑하는 아랍인이 조개를 잡고 또 그 조개 안에 있던 [진주를] 얻게 된 이야기이다. 알라신이 그를 향수판매인의 집으로 인도했고 또 그것은 그에게 생계를 마련하는 방법이었다.

인도에 관한 기타 정보들 ~~~~~~~~

　　인도의 왕들은 금에 보석이 박힌 귀걸이를 했다. 그들은 목에 붉은 보석(루비)와 초록 보석(에메랄드)으로 장식된 값비싼 목걸이를 걸었다. 하지만 진주가 가장 큰 가치가 있었기 때문에 그들은 진주를 애용했다. 실제로 진주가 왕들의 보물이자 또 그들의 재산이었다.

　　장성들과 고위 관료들 역시 진주 목걸이를 건다. 인도의 수장들은 가마를 타고 다니며 그들은 간단한 옷을 걸친다. 그들은 손에 카트라 *čatra*라고 불리는 물건을 쥐고 있는데 −이것은 공작의 깃털로 만든 양산− 으로 그들은 손에 쥐고 있고 또 펼쳐서 햇빛을 막는데 사용한다. [그들이 외출할 때는] 하인들로 둘러싸여 있다.

　　인도에서는 계급제도가 있어, 구성원들은 같은 음식도 같은 식탁에서도 둘이서 절대 같이 음식을 먹지 않는다. 그들은 그것이 더럽고 또 혐오스럽다고 생각한다. 이교도들이 시라프에 방문했고 또 주요 상인들 중 한명이 그들을 자신의 집에 식사 초대를 하게 되었을 때, 거의 100명의 사람들이 참석하게 되었는데 접대를 하는 주인은 그 손님들 각자 앞에 접시를 놓고, 음식을 먹었고 또 그 음식은 완전히 개인의 몫이었다. 왕과 귀족들에 관해 말하자면 인도에서 사람들은 그들을 위해 날마다 야자나무 잎으로 공들여 짠 식탁을 준비한다. 그리고 사람들은 같

은 잎으로 그릇과 접시들을 만든다. 음식이 나오면 사람들은 코코넛 잎
으로 만든 이 그릇과 접시에 담긴 음식을 먹는다. 식사가 끝나면 사람
들은 물에다 이 식탁들과 남은 음식과 함께 잎으로 만든 그릇과 접시를
모두 버린다. 그리고 다음날에도 똑 같은 방법으로 다시 식사한다.

옛날 인도에서는 신드의 디나르를 수입했는데 각 디나르는 [일반적

으로] 3디나르를 약간 넘는 가치가 있었다. 그들은 또한 이집트로부터 에메랄드도 수입을 하였는데 인장이 찍혀있었고 또 보석상자 안에 담겨 있었다. 또한 이집트로부터 그곳에서 부사드*bussad*라고 불리는 산호와 다흐나이*dahnaj*(에메랄드와 유사한 초록색 돌)라고 불리는 돌을 수입했다. 하지만 [이 수입은 지금] 중단되었다.

인도의 왕들 대부분은 그들이 대중 연설을 할 때, 나라의 백성들과 외국인들에게 자신의 부인을 보이게 했다. 부인들을 보는데 베일은 방해가 되지 않았다.

현재 이 순간(916년 경), 바다 이야기와 관련된 특징적인 많은 이야기들 중 내가 들었던 가장 주목할 만한 것들이다. 선원들이 했던 이야기와 그 이야기에 대해 자기 자신들조차 믿을 수 없는 거짓된 이야기들을 나는 모사하지 않았다. 정보의 양이 적더라도 원본의 정보에 국한하기를 선호했다.

우리를 바른 길로 인도하는 것은 바로 알라신이다.

세상들의 주인인 알라에게 찬양이 있으라! 그의 창조물들 중 최고인 무함마드와 예언자의 모든 가족에게 축복이 있기를! 그는 우리를 충만하게 한다. 효과적으로 도움을 주시는 더 없는 수호자여!

헤지라 기원 596년의 사파르_{safar} 달(=서기 1199년 11월)에 모사된 필사본과 대조됨.

우리를 [바른 길로] 인도하는 자는 바로 알라신이다.

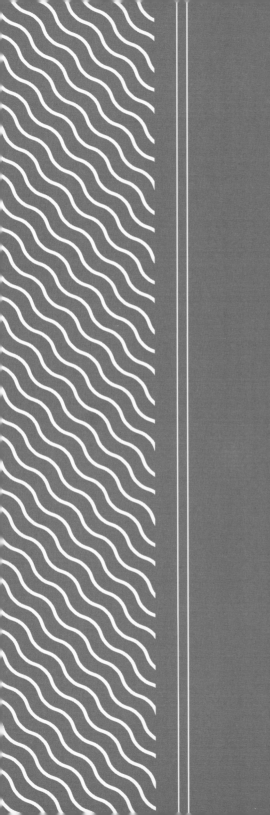

어휘목록
/
용어색인

바이카르지Baykarjî

레이노가 표시했던 것처럼, 이 잘못된 표기는 분명 바이라기bairâgî일 것이다.

부산Bušân

나의 "여행기*Relations de voyages*"의 주석 참조, t. II, p. 675.

디푸Dîfû

중국의 문서는 이 유형의 지위에 대해 전혀 언급하지는 않았다. 하지만 분명 주민들 내에서 흔히 사용되는 기한과 관련이 되고, 우리가 아는 바로는 문학과 관련된 작품은 보존되고 있지 않다.

푸루스Fulûs

동화, 팔스*fals*의 복수형으로 그리스어로는 *οϐολος* 또는 라틴어로 *obolus*[1]로 적는다.

구즈라Gujra

산스크리트어 Gurjara의 아랍화된 형태. 구즈라Gujra의 나라 또는 구즈라Gujra 왕의 나라는 Guzerate이다.

하칸Ḥâkân

황제, 군주. 하칸은 티베트 왕에게 잘못 붙인 외국어 칭호이다.

힌드Hind

가장 통상적으로는 인도의 서부를 지칭하지만, 술라이만과 아부 자이드 하산은 가끔 인도 전체를 지칭하는데 사용한다.

황 카오Ḥuang Č'ao

마수디의 "황금 초원*Les prairies d'or*"처럼, 아부 자이드의 아랍어 원문은 이 반역자에 관하여 중국의 정보에 따라 수정을 했었기 때문에 잘못된 내용을 담고 있다.

---

1) Obolus는 돈의 의미를 가진 라틴어이며, 희랍의 화폐(6분의 1 drachma)에 해당.

후스나미Ḥušnâmî (Al-)

"좋은 이름으로 [산], 좋은 징조의 이름. 이것은 페르시아어의 ḫoš '좋은', nâmeh '이름'의 뜻". 나의 "여행기*Mes Relations de voyages*" 참조, t. I, pp. 2, 37 ; t. II, p. 674.

인도Inde (인도왕의 친구들)

"인도의 경이(驚異)에 관한 책*Le Livre des Merveilles de l'Inde*"에서 이 주제를 다룬 기담 참조, pp. 115-118.

자와가*Jâwaga*

아랍어의 일반적 표기법에서 이 지명은 자베이*Zâbej*로 자주 베껴 쓴다. 실제, 자베이는 부정확한 어법인데, 왜냐하면 말미의 아랍어 짐*jîm*은 여기에서 유성 후(두)음의 역할을 하기 때문이다. 케른H. Kern이 이미 밝혔듯, 자베이, 더 정확히 말하자면 자바그*Zâbag*는 이 지리적 명칭에 대해 중국과 인도의 교본들이 지칭하는 것처럼 자와가*Jâwaga* 혹은 자바가*Jâvaga*로 수정되어야 한다.

카바Ḳaba

외투의 일종. 도지Dozy 참고, "아랍 나라에서의 의복 이름에 관한 상세한 사전*Dictionnaire détaillé des noms des vêtements chez les Arabes*," 참조, Amsterdam, 1845, in-8°, pp. 352-362.

카랑스와Ḳalanswa

터번 밑에 쓰는 일종의 헝겊 모자. 도지 참고,"아랍 나라에서의 의복 이름에 관한 상세한 사전*Dictionnaire détaillé des noms des vêtements chez les Arabes*," 참조, Amsterdam, 1845, pp. 365-371.

락시 맘쿤Lakšî mâmkûn 디푸Dîfû 참조.

랑가바루스Langabâlûs (랑가바루스 섬 혹은 니코바르Nicobar 제도),

중국 책들과 동양의 다른 책들은 이 제도를 국가의 이름이나 벌거벗은 부족 혹은 벌거벗은 사람들의 섬으로 지칭한다. 이 제도에 대한 가장 오래된 기술로는 이-칭Yi-tsing의 문서로 그는 672년 그곳에 기항했었다. "중국여행자 언급하기를, 북쪽을 향해가면서 Kie-č'a [= 말레이시아반도 서부 해안의 Kedah]에서부터, 우리는 10일 만에 벌거벗은 남자들의 나라에 도착했다. 만약 사람들이 가파른 기슭을 쳐다보기 위해 동쪽으로 고개를 돌리면 1 리 혹은 2 리의 면적 위에 있는 야자나무들과 빈랑나무 숲들만 볼 수 있다. 이 울창한 식생은 사랑을 받을 만큼 멋있다. 원주민들은 배가 오는 것을 보자마자 다투어 작은 배들을 나누어 타고 가까이 오는데, 무려 100명은 족히 된다. 그들의 야자열매, 바나나 그리고 대나무나 등으로 만든 물건을 가져오는데, 그들은 교환을 원하고, 원하는 물건은 유일하게도 쇠이다. 두 손가락만한 큰 쇠 조각으로 우리는 5~10개의 야자열매를 받을 수 있다. 남자들은 옷을 하나도 걸치지 않았다. 여자들은 풀잎으로 자신의 성기만 가렸다. 만약 상인들이 농담으로 그들에게 옷을 주겠다고 제안하면 그들은 바로 손동작으로 사용하지 않는다고 손짓한다. 이 나라에서는 쇠를 생산하지 않고 금과 은 역시 희귀하다. 원주민들은 코코넛과 참마의 뿌리만 먹는다. 이곳에서는 쌀도 곡물도 없다. 또한 루-아*lou-a* [*lôha*의 중국어 표기, 산스크리트어로 쇠의 이름]은 그들에게 가장 소중하고 또한 비싼 것이다. 이 남자들의 피부는 검지 않으며, 키는 중간 정도이고, 등나무로 엮은 상자를 만드는데 실력이 탁월해 다른 나라의 어떤 사람도 그들과 견줄 수 없을 정도이다. 만약 사람들이 그들과 교환하기를 거부한다면 바로 독화살을 쏘고, 그 화살을 맞은 자는 회복이 불가능하다. (이-칭Yi-tsing, "서양에서 법을 탐구하는 탁월한 수도사들", Éd. Chavannes, Paris, 1894, in- 8°, pp. 120-121). 나의 "여행기" 역시 참조. 2권의 색인에 있는 내용: 랑가바루스*Langabâlûs*, 나가바라*Nâgabârâ*, 니코바르*Nicobar*, 라카와람*Lâkawâram*, 나하바람*Nahhavaram*, 벌거벗은 사람들의 섬*Île des gens nus*.

화폐Monnaies

화폐에 있어 중량과 크기, 결정적으로 나는 "아시아 신문*Journal Asiatique*"에 있는 H. 소베리Sauvaire의 "회교도의 기상학과 화폐의 역사를 이해하기 위한 자재들*Matériaux pour servir à l'histoire de la numismatique et de la météorologie musulmane*"을 참조하였다. VIIe série, t. XIV, 1879년과 이후 신문.

나드Nadd

이 향수에 관해서는 나의 "여행기" 참조, t. II, pp. 620-625.

파라상즈Parasange

5,250미터에 해당하는 페르시아의 옛 여정거리의 단위.

무게Poids 화폐 참조.

라미Râmî

람니Râmnî라고 불리는 수마트라 섬의 일부분.

타칸Ṭaḳan

인도의 북서부에 있음. 술라이만과 마수디의 책들(황금 초원*Les prairies d'or*, t. I, pp. 383-384)에서는 동일한 오류가 있음 : 타판*Tâfan*. 타칸의 여성에 관하여 다음과 같이 언급하고 있다 : "이 나라의 여성들은 더없이 우아하고 아름답고 또 인도에서 피부가 가장 희다. 이 여성들은 규방에서 인기가 있고 또 연애 서적에서도 다루어진다. 선원들 역시, 타카니야트Tâkaniyyât (타카니엔느les Tâkaniennes)라고 부르는 이 여성들의 가치를 알고서 그들은 어떠한 대가를 지불하고라도 그녀들을 꼭 손에 넣고자 한다."

타라그Talâg

후두 유성음의 역할을 하는 어말의 짐*jîm*과 함께하는 *thalâg*의 원문 오류이다. 타라그는 산스크리트어 타다가*tâdâga*의 아랍화된 형태이고, 힌두어는 타다그*tâdâg*이다.

투캄Ṭûḳâm 디푸Dîfû 참조.

투상Ṭûsang 디푸Dîfû 참조.

쟝Zang

이 이름에 대한 아랍어 철자는 일반적으로 자니*Zanj* 또는 제니*Zenj*로 읽지만, 어말의 짐*jîm*은 여기에서 후두 유성음의 역할을 한다고 그리스와 중국 그리고 인도네시아 어원과 교본들이 지적하고 있다. "아시아 신문"에 참고, XIe série, t. XVII, 1921. p. 164.

【용어색인】

[ㅂ]

[ㅅ]

⚓
옮긴이 후기

　『아랍 상인 술라이만의 인도와 중국 항해기*Voyage du marchand arabe Sulaymân en Inde et en Chine*』는 원래 아랍어 수사본을 프랑스어로 번역한 역서이다. 이 책은 술라이만Sulaymân이 851년경에 페르시아 만에서 호르무즈와 쿠이론을 거쳐 인도와 중국을 여행하면서, 그 당시 그가 직접 보았거나 혹은 들었던 내용을 기술한 현지의 여행기이다. 우리에게 잘 알려진 마르코 폴로(1254~1324)와 이븐 바투타(1304~1368)의 여행기 보다 약 4세기나 앞서고 있고, 지금까지 알려지지 않은 진귀하고 희귀한 내용을 담고 있어, 술라이만의 이 항해기는 단순한 '고서'를 넘어 문화 인류학적 가치를 지닌 서적이라고 할 수 있다.

　술라이만의 항해기에 하산은 자신의 글을 추가하여 916년경에 수사본의 형태로 발행하였으며, 이 수사본은 현재 프랑스의 파리국립도서관에 보관되어 있다. 본 역서는 1922년 가브리엘 페랑Gabriel Ferrand의 프랑스어 번역본[1]을 한국어로 번역하였으며, 이 번역서를 기준으로 술라이만의 견문록인 1권 "일련의 이야기"와 "인도와 중국 그리고

---

1) Sulaymân, *Voyage du marchand arabe Sulaymân en Inde et en Chine, rédigé en 851, suivi de remarques par Abû Zayd Ḥasan (vers 916)*, Éditions Bossard(Paris), 1922.

왕들에 관한 여행기"는 총 51쪽(23~73)이고, 하산의 이본인 2권은 총 67쪽(74~140)이다.

하산이 추가한 내용은 이 책의 2권 "중국과 인도에 관한 항해기"이며, 이외에도 "자와가 도시에 관한 설명", "중국에 관한 정보 속편", "인도에 관한 약간의 정보", "쟝의 나라", "용연향", "진주", "인도에 관한 기타 견문록" 등의 주제를 포함하고 있고 또 그 분량은 술라이만의 1권을 능가하기에 이본으로 부르는 것이 적절하다고 생각된다. 이 이본은 여행기에 하산이 인도와 중국에 대한 정보들을 추가한 것이며 또한 술라이만의 오류도 수정한 것이다.

아랍어로 된 이 수사본에 대한 프랑스어 번역은 프랑스의 외제브르노도가 1718년에 했고, 그 다음으로는 레이노가 1845년에 그리고 가브리엘 페랑은 1922년에 번역하였다.

한국어 번역을 위해 참고한 책은 우란ULAN Press출판사(Lexington 미국, 2015년 3월)의 판본이며, 이 책을 1922년 페랑의 원본 그대로 발행하기 위해 노력한 흔적이 표지 및 속지에 드러난다. "이 책은 원래 1923년 이전에 출판되었고, 또 중요한 역사적 저작물을 재현한 것으로 원저(原著)와 동일한 판형을 유지하고 있다. 일부 출판사들은 작업의 과정에서 OCR기술(광학 문자 인식)을 적용하기도 했지만, 우리는 이것이 기술상의 한계로 인한 오류들(빈번한 오식, 틀린 문자 및 혼란스런 서식)을 수반했고 또 고유 저작물의 역사적 특성을 적절히 반영하지 못한다고 생각했다. 우리가 원저의 고유한 판형 자체로 출판하는 이 작업이 문화적인 관점에서도 중요하다고 믿는다. 우리가 원저를 충분히 다듬고 또 디지털 방식을 통해 상태를 향상시키고자 노력했음에도 간혹 원저의 상태나 스캔을 하는 과정 자체에서 생겼을 수 있는

흐릿하거나 쪽이 누락되는 그리고 훼손된 그림이나 오류의 흔적과 같은 결함이 발견되는 경우가 있다. 이러한 결함에도 불구하고, 우리는 지속적으로 진행 중인 세계적인 고서에 대한 보존 책무의 일환으로 이 책을 재출판하여, 독자들에게 최상의 역사적 저작물에 대한 접근을 제공하고자 했다. 이러한 약간의 결함에 대해 여러분들의 양해를 바라고 또 원래 출판사의 의도대로 최대한 원본의 형태를 준수한 이 책을 보면서 즐거움을 만끽하기를 진심으로 바란다." 그리고 1922년 페랑의 원본을 그대로 유지하기 위해 다수의 속지를 그대로 유지하고 있는데 역사적 가치가 있다고 생각되어, 그 내용을 다음과 같이 소개한다.

속지 1) "아랍 상인 술라이만의 인도와 중국 항해기, 851년 작성, 아부 자이드 하산의 이본(916년경)", 가브리엘 페랑, 아부 자이드 하산 이븐 야지드.

속지 2) "동양의 고전, 동양의 친구들에 대한 프랑스협회의 지원으로 출판된 총서", 빅토르 고루베의 감수 7권.

속지 3) 작금의 작업을 통해 얻은 것은 정형적인 아치형 독피지(犢皮紙)에 두 가지 색의 잉크로 인쇄된 사본 15부, 이 사본들은 일본산 타이쿤Tycoon 비단 종이에다 본문 외에 거무죽죽한 판들과 검은색의 이중 속편을 포함하고 있으며, 1권에서 15권까지 번호를 매겼다. 정형적인 아치형 독피지에 두 가지 색의 잉크로 인쇄한 사본 140부, 이 사본들은 16권에서 155권까지 번호를 매겼다. 파포Papault 제지의 두꺼운 독피지에 인쇄된 1,500부, 이 사본들은 156권에서 1655권까지 번호를 매겼다. 1,093권", 보사르(Bossard) 출판사 판권, 1922.

속지 4) 아랍 상인 술라이만의 항해기

속지 5) "동양의 고전, 아랍 상인 술라이만의 인도와 중국 항해기",

851년 작성, 아부 자이드 하산의 이본(916년경). 아랍어의 번역과 서문, 어휘목록, 용어색인은 전권공사 가브리엘 페랑, 목판의 그림 및 조각은 앙드레 카펠레, 보사르 출판사, 마담거리 43번가, 파리, 1922.

속지 6) "친애하는 동양의 갈리카 언어학박사이시자 교수이신 모리셔서 거드프로이−데맘바인님 귀하, 이 책을 귀하께 바칩니다." 역자.

속지 6의 헌사는 라틴어로 그리고 그 외의 내용은 프랑스어로 기술되었다. 상기 내용은 서지학의 관점에서도 가치가 있다고 생각된다.

가브리엘 페랑의 번역본은 크게 서문과 술라이만의 항해기 및 하산의 이본으로 구성되어 있다. 페랑은 이들이 기록한 내용을 아랍어에서 프랑스어로 번역하였을 뿐만 아니라 서문(11~22쪽)과 어휘사전(141~144쪽) 그리고 용어색인(145~155쪽)을 추가하였다. 특히 서문에서 페랑은 여행기의 수사본이 콜베르 도서관에 입고되는 상황에서부터 기존의 프랑스어 번역자 및 번역본의 문제점 그리고 술라이만의 항해 여정에 대한 요약까지 다양한 정보를 제공하고 있다. 따라서 서문에서의 화자 "나"는 페랑 자신이며, 독서 시, 먼저 이 점에 유의해야 할 것으로 생각된다.

다수의 저자와 역자로 인해 야기되는 화자의 문제와 내용 기술자에 대한 혼란을 줄이기 위해 독서에 필요한 몇몇 주요 사항을 요약하면 다음과 같다. 먼저 본 번역서의 괄호 등 부호의 사용은 기본적으로 페랑이 서문에서 밝힌 일러두기를 따랐다. 페랑은 서문에서 "책을 보충해주는 부연 설명은 대괄호 []로 표기했다"고만 밝혔다. 따라서 이 책에 있는 대괄호 "[...]" 안의 내용은 술라이만의 항해기와 하산의 이본 내용에 대해 페랑이 주해자의 입장으로 설명한 부분이다. 예를 들면 "이 시기 [서기 9세기 전반]에는 [페르시아만에서 인도와 중국으로 가는] 해상 여행은...”이다. 특히, 1권의 초기 부분에는 의외로 이 대괄호가 많은데 1권의 1장(23~46쪽) 총 24쪽 중 약 6쪽에 해당한다. 하지만 대괄호 이외에도 소괄호 “(...)”의 사용이 많은데 페랑이 밝히지는 않았지만 이 역시 그가 부연 설명을 위해 사용한 것이다. 예를 들면 “우리가 글을 쓰고 있는 이 시간인 (916년 경)에도...”이다. 하지만 소괄호의 경우, 저자 혹은 역자가 기록했는지 맥락상 분명하지 않을 때가 있다. 그리고 페랑은 옛 지명을 가장 최근의 지명으로 옮겼다. 또한 페랑은 진위를 알 수 없거나 출처가 불명확한 내용에 대해서는 이탤릭체를 사용하여 표시를 하였다. 예를 들면 “[*다음에 오는 내용이 수사본의 본장 아래쪽에 추가되어 있지만, 그 행들은 원본과는 다른 글씨체이다.*]”이다.

상기의 규칙에도 술라이만의 혹은 하산의 목소리인지 아니면 역자 즉, 페랑의 목소리인지 그 경계가 뚜렷하지 않고 모호한 부분이 있다. 이러한 화자의 문제를 해결하고 또 독서를 어렵게 하는 혼란을 줄이고자 번역을 진행하는 과정에서 이와 관련된 두 편의 논문[2]을 작성하였음에도 문제가 완전히 해결되지 않았다. 따라서 독서 시, 내용의 맥락과 행간의 의미에 유의하여 독서를 할 필요가 있다고 생각된다. 그리고 본 번역서에서는 현재에 존재하지 않는 어휘와 지명에 대한 문제 또 아랍어에서 프랑스어로 그리고 프랑스어에서 한국어로 번역하는 과정에서 생길 수 있는 오류에 대한 기우를 덜기 위해 지명 및 고유명사의 경우 대부분 한글과 프랑스어를 병기하였다.

지금까지 살펴보았듯 술라이만의 아랍어 수사본은 아부 자이드 하

---

2) 본 번역서의 독서와 관련된 두 편의 논문은 다음과 같다. 「술라이만의 견문록에 대한 주해와 화자 그리고 독서의 문제」, 한국프랑스문화학회, 44집 봄호, 2020년 그리고 「술라이만 견문록의 하산 이본에 대한 주해와 화자 그리고 독서의 문제」, 한국프랑스문화학회, 46집 가을호, 2020년이다.

산의 이본에서 보충 및 수정을 거쳤고 또 프랑스어 번역본은 외제브 르노도와 레이노의 검토 이후에 가브리엘 페랑이 수정 및 번역을 하여 오늘날에 이르고 있다. 오랜 시간과 다수의 저자와 역자 손을 거쳐 오늘날에 전해진 항해기인 만큼 이 책에 언술된 일부 내용은 모호함이 있고 또한 독서에 어려움이 있는 것은 사실이다. 하지만 이 항해기가 오늘날 우리에게 읽히는데 걸린 시간이 1169년(2020년 기준)이고, 그럼에도 내용이지만 잘 보존되어 전승되었다는 것은 역설적으로 그들의 노력이 있었기 때문일 것이다.

이 항해기는 먼저 1권의 "일련의 이야기"에서 술라이만의 인도와 중국 그리고 그 왕들에 관한 이야기, 2권의 하산 이본에서는 중국과 인도에 관한 이야기 그리고 자와가 시에 관한 설명이 있으며 또한 주제별로 쟝의 나라, 용연향, 진주 등의 이야기를 다루고 있는 "진귀한" 항해기이다. 그리고 "바다의 해변 쪽에는 신라Sila의 섬들(한반도)이 [중국과 국경을 이루고] 있다. [신라의] 백성들은 희다. 그들은 중국의 왕과 선물을 교환한다"라며 고대의 한국과 관련된 소중한 정보도 담고 있다.

본 번역서는 분량이 그리 많지 않음에도 번역에 시간이 많이 걸렸는데 그 이유는 상기의 화자 문제와 옛 지명의 문제 그리고 오늘날의 관점으로 보아 이해하기 어려운 내용의 모호함에 기인한 것이었다. 지금도 그러한 문제가 완전히 해결되지 않았으며, 기회가 된다면 재판이나 논문을 통해 고찰을 지속할 예정이다. 부족함이 많은 역서이지만 술라이만의 항해기가 처음 한국어로 번역이 되었다는데 조금이나마 의미를 두고자 한다.

이 자리를 빌려, 술라이만의 항해기에 대한 존재를 처음으로 알려주시고 또 윤문을 해주신 한국해양대학교 국제해양문제연구소의 정문수 소장님, 번역의 과정에 적절한 조언을 해주신 에릭 다사스 교수님, 인내를 갖고 기다려주신 연구소와 학부 교수님들께 감사의 말씀을 전한다.

2020년 11월 정남모

역자소개 —————————————————————

정남모

· 프랑스 니스–소피아앙티폴리스 대학교 문학박사
· 역) 울산대학교 연구교수, 숭실대학교 초빙교수
· 현) 인하대학교 강사, 한국해양대학교 강사 및 국제해양문제연구소 일반연구원

─ 주요 저역서

『랭보, 바람구두를 신은 천재 시인 1. 2』(2007)
『세계 프랑스어권 지역의 이해』(공저, 2009)
『발트해와 북해』(공역, 2017) 등.

─ 논문

「랭보와 투시자의 시론」(2014),
「프랑스어권 국가의 형성에 관한 연구」(2003)
「태평양 프랑스어권에 대한 지역 연구: 뉴칼레도니아, 프랑스령 폴리네시아, 월리스푸투나, 바누아투를 중심으로」(2007)
「문화마케팅의 관점으로 보는 벨기에 프랑스어권의 뱅슈 카니발」(2010)
「프랑스 부르고뉴의 지질학적 특성이 피노누아 품종에 미치는 영향 연구」(2014)
「보르도의 양조용 포도품종 카베르네 소비뇽 클론의 특성과 평가에 관한 연구」(2015)
「채색된 바다 혹은 해양공간의 회화성: 랭보의 「취한 배」를 중심으로」(2017)
「프랑스의 해양영토 분쟁 : 생피에르와 미클롱 섬(St-Pierre-et-Miquelon)의 영토 선점에서 프랑스와 캐나다간 해양영토 분쟁의 쟁점까지」(2018) 등 다수.